荒木 肇

日本軍はこんな兵器で戦った

国産小火器の開発と用兵思想

JN215298

並木書房

はじめに

新聞に珍しい記事があった。二〇一九（平成三一）年二月二六日、成田空港に中東のヨルダンから木箱が届いた。送り主はヨルダン・ハシミテ王国のアブドラ二世国王、宛先は日本国安倍晋三内閣総理大臣。中身は日本陸軍の九九式軽機関銃だった。ヨルダンはイスラエルのパレスチナ暫定自治区と死海、ヨルダン川を境に向きあい、サウジアラビア、イラク、シリアと国境を接している国である。

アブドラ国王は親日派であり、過去、来日の折には陸上自衛隊第一空挺団を見学し、兵器のコレクターとしても知られる。その国王から友情の印として、すでに滅んだ日本陸軍の最期を飾った軽機関銃が贈られてきた。それに関心を持った人は少なかったことだろう。報道でもほとんど注目されることはなかった。

いまや多くの日本人にとって、兵器や武器は遠い存在なのである。その機関銃が今を去ること八〇年前、一九三九（昭和一四）年に制式化され、私たちの先人の肩に担われ、硫黄島や沖縄、南方の島々で侵攻する米軍に火を吐き、多くのアメリカ兵を死傷させた口径七・七ミリの軽機関銃だったことなどを知る人も少ない。

アブドラ国王の心はわからない。おそらくは安倍総理に宛てた親書には、その真意が書かれていただろう。ただ親書であれば公開されることはない。贈られた機関銃は銃砲刀剣類取締法によって処理され、個人が所蔵することはできず、どこか自衛隊の機関が預かることになるだろう。

土浦駐屯地（茨城県稲敷郡阿見町）に所在する陸上自衛隊武器学校には、多くの研究・教育用のための小火器や火砲、戦車などが保管されている。また、全国二百か所あまりの陸・海・空自衛隊の駐屯地や基地には資料館、広報館がある。さまざまな史料や火器、兵器が置かれている。一般に向けた展示もされているが、それらが一般になじみがあるかというと決してそうではない。

いまでも一部の国民の中には、武器は戦争につながり、自衛隊や軍隊は平和の敵だという考えを持つ人々がいる。自治体の中にも議員が先頭に立って、自衛官募集の展示物などに文句をつけることがある。

あれだけの戦争被害があり、軍隊の行動でひどい目にあった、多くの肉親・知人を亡くしたというのだからわからないでもない。しかし、現在の私たちの暮らしを支えているのは、過去の先人たちの流した血と汗と涙である。

一八五三（嘉永六）年のアメリカ海軍のペリー艦隊の来航に対して、当時の幕府は手も足も出なかった。その軍事技術的格差を正確に認識していたからである。攘夷《じょうい》などは国防の当事者には夢物語だった。開国後、先人たちは次々と西欧の各種制度や技術を受け入れていった。そうしなければほかのアジア諸国のように植民地にされてしまう。そんな危機感が常にあったからである。

国家の独立は兵器の独立から始まる。その信念のもとで多くの人たちが努力した。村田経芳《むらたつねよし》（一八三八〜一九二一年）、有坂成章《ありさかなりあきら》（一八五二〜一九一五年）、南部麒次郎《なんぶきじろう》（一八六九〜一九四九年）の三人は造兵史に名を残した技術系軍人だった。資源がなく、工作設備が貧しく、予算が乏しい状況で悪戦苦闘の末に生み出された火器・火砲が、アジア大陸で、南洋で、北方で戦った兵士たちの守り神になった。

照星《しょうせい》、槊杖《さくじょう》、上帯《じょうたい》、下帯《かたい》、木被《もくひ》、照尺《しょうしゃく》、照尺板《しょうしゃくはん》、遊標《ゆうひょう》、遊底覆《ゆうていおおい》、槓桿《こうかん》、用心鉄《ようじんがね》、引鉄《ひきがね》、弾倉底鈑《だんそうていはん》、上支鉄《じょうしてつ》、下支鉄《かしてつ》、銃把《じゅうは》、床尾《しょうび》、床尾板《しょうびはん》、床嘴《しょうし》、撃茎駐胛《げきけいちゅうこう》、弾倉《だんそう》、薬室《やくしつ》、遊底駐子《ゆうていちゅうし》、円筒《えんとう》、抽筒子《ちゅうとうし》、楕《だ》円窓《えんそう》、撃針《げきしん》、撃針孔《げきしんこう》……、これらは明治の後期、今から百年ほど前の若者たちに与えられた歩兵銃の各部の名称や部品の一部である。

この三十八年式歩兵銃（三八式歩兵銃）が部隊に交付され始めたばかりの明治四二（一九〇九）年度のことである。同年度の『大阪府壮丁普通教育程度取調書《おおさかふそうていふつうきょういくていどとりしらべしょ》』によれば、中学校卒業は二・六四パーセント、その同等と評価される者と合わせても、四・三三パーセント、一〇〇人中四人である。高

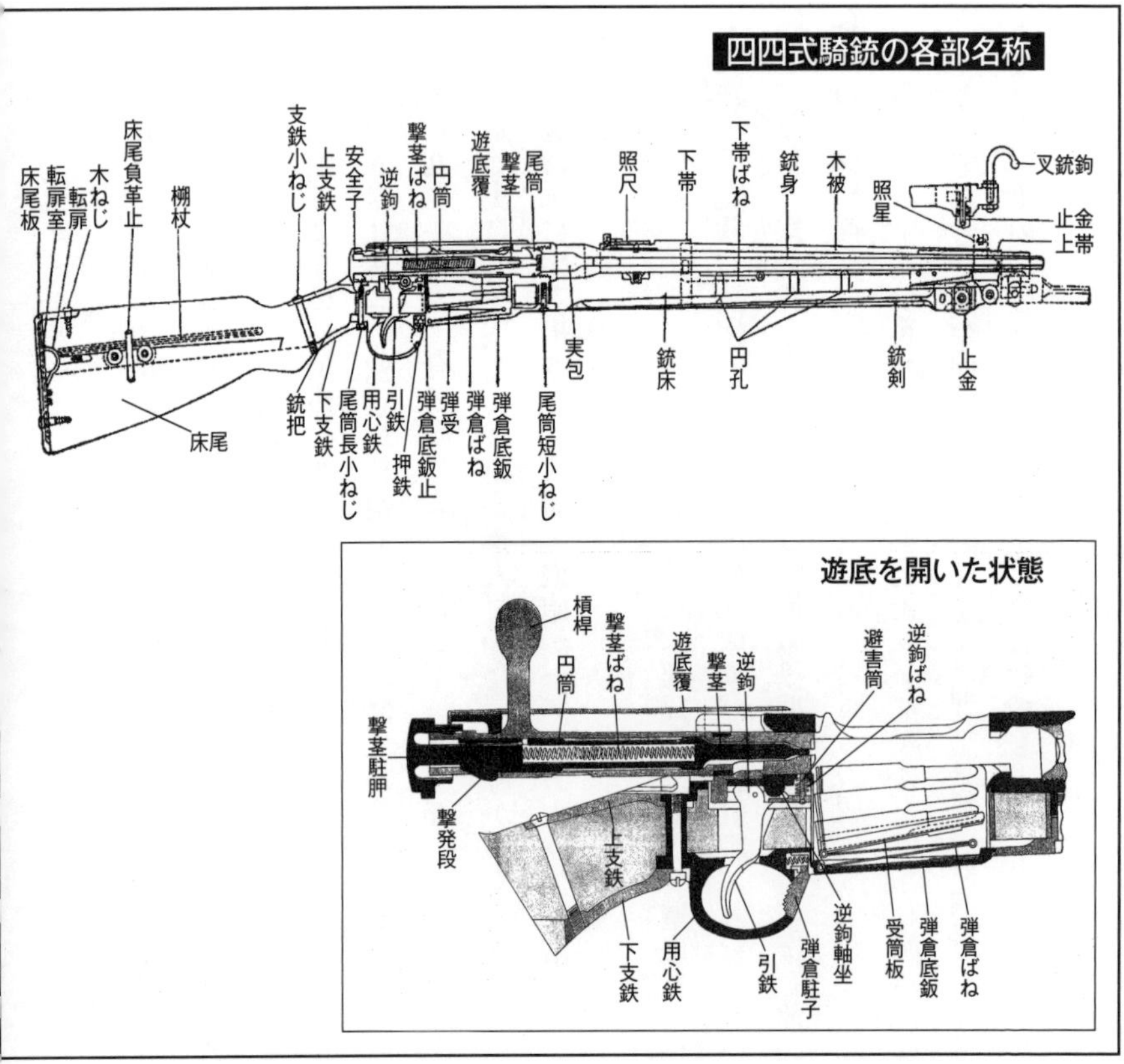

四四式騎銃の各部名称

等小学校卒業とその同等者が一八・九四パーセント、尋常小学校卒業とその同等者が四四・七九パーセント、そして「稍《ヤヤ》読書《よみかき》算術《さんじゅつ》ヲ為《な》シ得《う》ル者」は二三・一二パーセント、まったくそれらができない者、不就学者が八・八二パーセントもいた。

三府といわれ、東京、京都と並ぶ大都会の大阪でもこれが実態だった。

大阪府の数字だけで判断するのもやや早計だが、それでも全国的な傾向はみてとれる。徴兵で入営する若者は尋常小学校か高等小学校を出た人が多かった。当時の小学校の教育内容は、前述した歩兵銃の難解な用語に対応できるようなものではなかった。

若者は生真面目《きまじめ》に暗記に励んだ。陸軍幼年学校でも、一三、四歳の子供たちが同じように難しい漢語を学んだ。明治の近代化は、こうした努力を上は将軍から下は徴兵の一兵卒にまで要求したのである。銃器・火砲の操作、分解、結合、拭浄《しょくじょう》、そして保管法を徹底し、近代的組織に兵隊たちをなじませ、西欧式合理主義をも教えてきた。いってみれば、銃器・火砲は兵器の形をした科学教材でもあった。

本書は、時代背景にも目を配りつつ、当時の人々の目線に近いところで旧陸軍の小火器の変遷を明らかにするものである。自衛隊の資料館に展示・保管されている実物に触れながら、日本の技術者がどのような兵器を開発し、兵士たちがどのように訓練されて、実際にどのように戦ってきたか、その足取りをたどるものである。

そこには、明治以来、現在に至る社会や暮らしの変化も見えてくるだろう。それを見つけるのは楽しいことである。いまボールペンなどに使われている小さなコイル・スプリングは、大正の中頃まで機関銃の部品として安心して使えなかった。書類を綴じるホチキス（ステープラー）は、機関銃の給弾に似た仕組みである。縫い物に使うミシンの上下に運動する針、布を送る構造も機関銃とそっくりに思える。

ある高名な文学者は、防衛大学校で学生たちに三八式歩兵銃を例にして、旧軍のように科学的精神を軽視するなと語った。時代遅れの明治時代の小銃で、第二次世界大戦を戦った戦前日本陸軍の後進性を非難したのである。しかし、これは事実と異なっている。戦後の「誤った定説」である。アメリカを除く列強の軍隊は、どの国も明治時代に開発された小銃で戦っていたのだ。

また、日本軍は、精神主義で白兵戦を重視したと批判されるが、これも「誤った定説」である。実際は日清・日露両戦役とも火力重視の戦いを行なった。白兵戦を信奉したのは、清軍であり、ロシア軍だった。明治四二年改訂の『歩兵操典』（一九〇九年）で、白兵戦闘を重視すると高らかに宣言したのは、白兵戦闘に弱かった兵士の士気を高めるためだったのだろう。その後の訓練でも、小銃射撃が軽視されることはなかった。

日本陸軍はむしろ火力主義だった。機関銃の有効性を直視し、防御だけでなく攻撃の中心にすえた。軽機関銃を中心にした戦闘群戦闘を採用し、地形の利用、夜間戦闘の採用などが重視された。昭和に入っての大陸での戦いは、奇襲、包囲・迂回攻撃などが有効だった。相手の中国軍は手榴弾、機関銃、さらには白兵で抵抗した。

これに対して日本陸軍は旺盛な攻撃精神を兵士に要求し、同時に重機関銃、軽機関銃、擲弾筒によって火力強化で応えた。歩兵大隊に歩兵砲、歩兵聯隊には山砲が与えられ、砲兵による十分な掩護がなくても、なんとか戦うことができた。中国戦線はこうして、ほぼ連戦連勝していった。

勝手が違ったのは太平洋の島嶼戦だった。見通しの悪いジャングルが主になった戦場である。満洲を舞台に対ソ連軍を想定しての装備、訓練はまるで通用しなかった。戦いは制空・制海権を失った。攻勢に出れば、艦砲や航空機の爆弾、重砲に叩かれた。敵の上陸の混乱時を狙って攻勢をかけて、海に追い落とすなどできるはずもなかった。

しかし、陸戦は最後は人間対人間の戦いである。水際防御（上陸直後の混乱を攻撃する）を捨てて、奥地に立てこもった日本軍陣地に迫った連合軍将兵を待っていたのは、機関銃と迫撃砲、擲弾筒の嵐だった。米軍の記録を見ると、多くの死傷者は機関銃弾と迫撃砲によって生まれた。有名な銃剣突撃による自殺攻撃など、実際には、まずなかったということがわかる。降伏を拒んで、粘り強く戦った先人たちが最も頼りにしたのは銃剣などではなく、機関銃と小型軽量な迫撃砲、擲弾筒だったのだ。

歴史を調べることは、すでに終わったことを研究することだ。終わってしまったことを良かった、悪かったと判断するのは歴史学者の仕事ではないと同様に、私たち素人にとっても同様である。

この本はそういった思いで書いた。造兵史については素人であるから、参考にし、引用した文献は大変多い。専門家の教えを請うたことも多く、そのことはなるべく文中に記しておいた。

なお、戦争や事変の名称は、原則として当時の言い方に従った。事変は北清事変（一九〇〇年）、済南事変（山東出兵ともいう。一九二七〜二八年）、満洲事変（一九三一年）、そして一九三七年から始まる「支那事変」である。政府は当初、不拡大の方針をとったため「北支事変」やがて中華民国との紛争だから「日華事変」、やがて南京に親日の汪兆銘の中華民国政府ができたので「日支事変」、その後に「支那事変」と名称を次々と変えた。「大東亜戦争」が始まると、支那事変は大東亜戦争に吸収されて、その一部になった。本書では「支那事変」に統一した。また「太平洋戦争」は連合国の名称を使ったものであり、戦争当時の正式名称である「大東亜戦争」を使った。

また、兵器を数える単位は拳銃、小銃（歩兵銃・騎銃）は「挺《ちょう》」、重機関銃は「銃《じゅう》」、軽機関銃は「挺《ちょう》」、擲弾筒は「箇《こ》」、歩兵砲・迫撃砲はどちらも「門《もん》」とした。これらはいずれも「編制表」の表記に従った。

目　次

第3章　戦場の主役となった機関銃　127

第1章　幕末・維新の小銃

画期的な雷管式ゲベール銃

「なにぶん賊（長州兵）は打ち候も山上より打ち卸《おろ》し、此方《このかた》（当方）よりはゲベル筒にて届き申さず」

ミニエー銃で撃たれた最初の被害者は、第二次長州征討（一八六六年）の幕府軍だった。ゲベル筒（ゲベール）とは、当時では西洋式小銃をいう。オランダ語でいう小銃（geweer）を耳にしたまま使っていたのだ。

オランダから輸入したゲベール銃が多かった。発火方式は、火縄ではなく雷管式になっていた。雷管（パーカッション・キャップ、またはプライマーという）は衝撃に敏感な雷汞《らいこう》という爆発物を真鍮《しんちゅう》などの軽い金属製キャップに詰めたものだ。これを火縄式や燧石《すいせき》式（火打石をこすって発火させる）に替えて、装薬への点火用にしたところに革命性があった。雷汞の発明は一八世紀である。それが雷管として実用化されたのは一八二〇年頃からといわれている。

雷汞は、水銀を硝酸に溶かした硝酸水銀を溶液にして、メチルアルコールを反応させて結晶化したものである。わが国でも、その理論はオランダから輸入された造兵書や化学書によって早くから知られていた。それでも実用化が広がることはなかった。危険だったし、とりあえず緊急の必要があるとは誰も思っていなかったからだ。

幕末期になると、国産の火縄筒の火皿《ひざら》（導火薬を盛るところで火蓋がついていた）周辺を改造して「管打《かんう》ち」といった雷管式の改造銃はできあがっていた。これが幕府勢の多くが持っていた「和筒《わづつ》」である。

ゲベール銃は西洋輸入の新式とはいいながら、銃腔内にはライフリング（腔綫《こうせん》）がない。筒の中はツルツル（スムース・ボア）である。これを滑腔《かっこう》銃という。ただし、装薬への着火方式は雷管の採用で劇的に改善されていた。まず雨風に強い。確実に発火するから、早発《そうはつ》、遅発《ちはつ》、不発《ふはつ》といった事故が起きにくい。キャップに封入されていて、叩けば必ず発火する。

戦国時代から江戸期を通じて、火縄銃は面倒なものだった。晴天の一日の合戦では火縄を長さ三〇尺（約九メートル余）準備した。それに予備として一銃あたり五尋《ひろ》（約九メートル余）を用意するこ

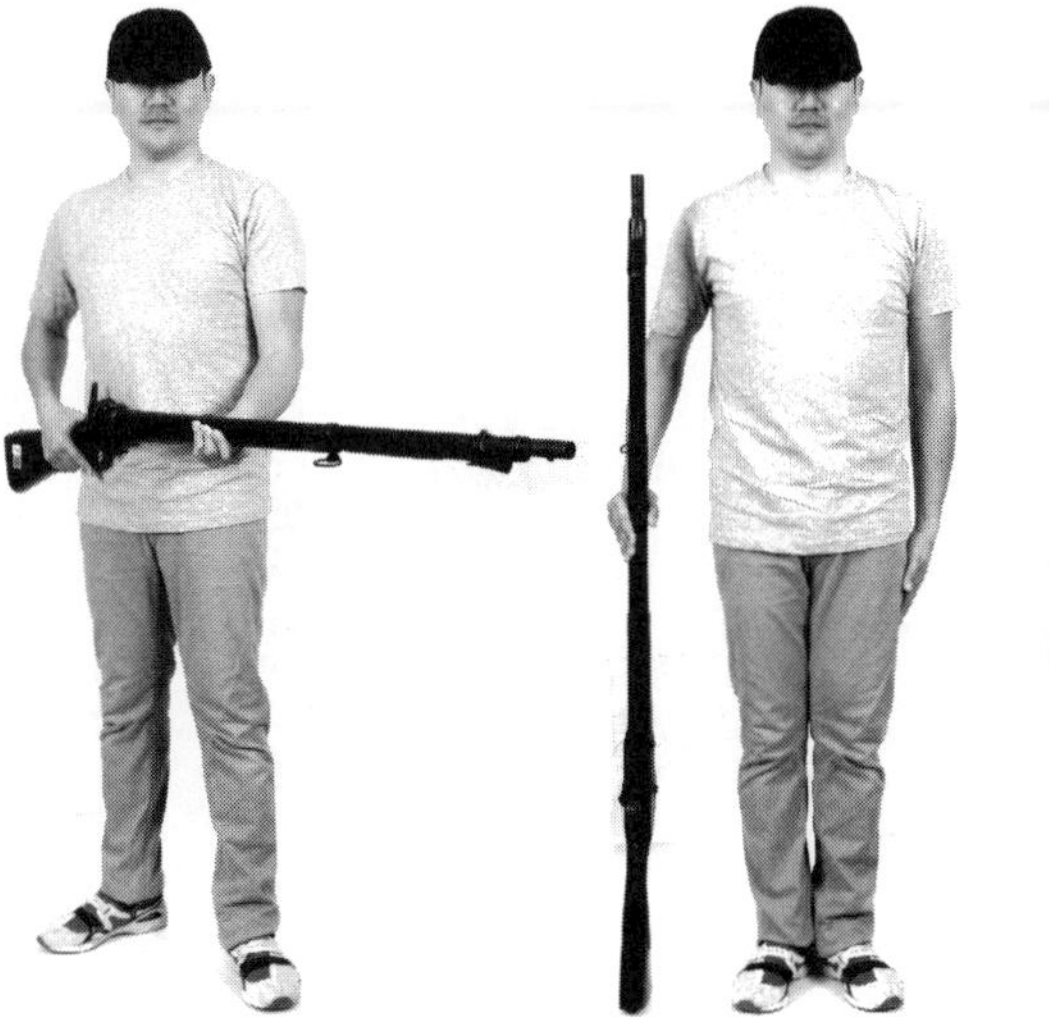

ゲベール銃。前装式（銃口から弾丸を込める）で、球形の弾丸を用いた最後の軍用銃である。銃身と銃床とが3個の環帯（バンド）で結ばれているので、「3つバンド」ともいわれた。口径は17.5ミリ、全長は1499ミリである。照星は銃身の上に直接付かず、バンドの上に付いている。照門は銃尾の後端にあり、谷型の固定照門である。モデルの男性は当時の平均身長（158センチ）に近い162センチで、銃の大きさがイメージできるだろう。

とになっていた。これの製造、保管、保守点検だけでも大変な負担だった。しかも、それを戦場に運ぶのである。装薬や口火薬《くちびやく》ともども湿気に弱く、いつも火が点いているために取扱いは注意が必要とされた。そうしたすべての面倒を小さな、指でつまめるほどの小さな雷管が変えてしまったのである。

当時、雷管式のゲベール銃は画期的な存在だった。火縄も不要で、それまでの火打石を使うフリント・ロック式の燧石銃《すいせきじゅう》のように射撃時に大きな衝撃がなくぶれが出ない。ただ問題は、その弾丸が球形であることと滑腔であることだった。

前述のように滑腔とは銃腔内に施条《しじょう》（ライフリング）がないことである。そのために命中率が低く射程も短い。よく「射程距離」と

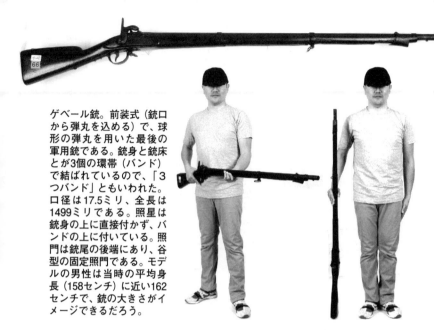

いう言葉を見聞きするが、射程という言葉には届く距離という意味もあるから、「有効射程」という用語が適切である。有効射程は目標に命中を期待できる距離のことであり、同時に殺傷できる威力を弾丸がもつ射程である。だから射程は一キロメートルあるが、その有効射程は二〇〇メートルなどという解説をみることがある。

前装式滑腔銃の限界

小銃だけではなく、火砲はすべて筒である。最後部は密閉が必要になる。小銃は当時、ネジ式の鎖《さ》栓《せん》で閉じられていた。火砲も鋳造されたものなら、最初から後部は閉じられていた。問題は内部の装薬への着火である。

火縄銃時代から、外部と装薬の詰められた銃（砲）身後部は細い穴でつながっていた。火縄銃では口薬《こうやく》ともいわれた細かい火薬を外部の火皿に置いた。火皿をおさえる火蓋《ひぶた》を開ければ、火縄の先端の火が口薬に点火できる。細かい火薬の粒は燃え、その火が火門孔を通って銃腔内の装薬に火を届けた。

古式火縄銃の演武などを見ると、引かれた引鉄によって火縄挟《はさ》みが火皿に打ちつけられ、まず、白い煙が垂直に上がるところを見られるだろう。続いて、銃口から盛大な煙が出て、同時に火門孔からの「あおり（逆流のこと）」も見ることができるに違いない。つまり、密閉がされていないのであ

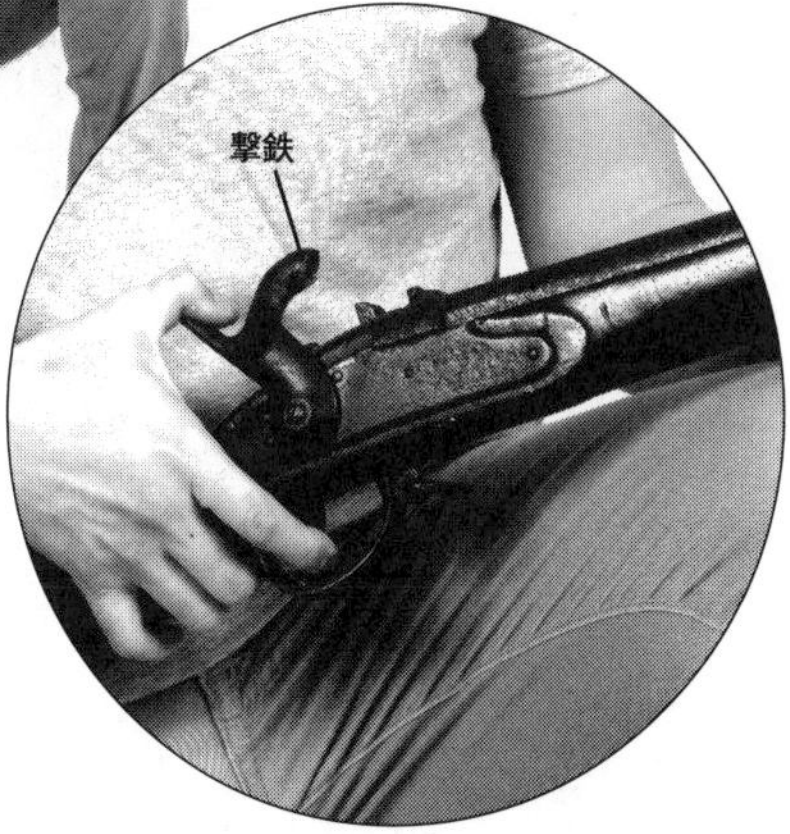

ゲベール銃に弾薬を装塡するには、このような姿勢をとる必要がある。まず火門に雷管をかぶせて静かに撃鉄をおろす。紙製の弾薬包の端を歯で噛み切り、装薬を銃口から流し込む。次に槊杖で、弾丸を包み紙といっしょに押し込んでいく。あとは撃鉄を起こし、引鉄を引けばよい。

る。それは燃焼ガスのすべてのエネルギーが弾丸を押し出していないことを示している。

　銃口から弾丸を装塡（前装式）するから、銃身内の穴（銃腔）の直径が弾丸外径より広くなくてはならない。だから銃口を下に向けた時に弾丸が転げ落ちないように、弾丸を布や革のハギレでできたパッチで包み、装薬に押し込むようにして槊杖《さくじょう》（ラムロッド）で突き固めた。装薬が燃焼して弾丸を前に押し出す。そのとき弾丸は決して直進しない。銃腔内に密着していないから、上下左右の壁にぶつかりながら飛んでいく。したがって弾道は真っすぐではない。しかもライフリングのない銃身と弾丸の間からは発射ガスが漏れているので有効射程はひどく短い。

英国陸軍が一七世紀末から一八世紀半ばまで使っていたのはブラウン・ベス小銃という滑腔銃である。その銃に一五〇ヤード（約一三七メートル）で撃たれて死傷するのは、よほど運が悪いといわれていた。ふつうの射手では、二〇〇メートル先の三階建ての建物を狙って、三発に一発しか命中しなかったという。

もっとも、滑腔の火縄銃の威力は決してばかにしたものではない。五〇メートルの距離で、竹束、畳三枚、牛革三枚を重ねた楯を貫通させている実験結果もある。戦国合戦の話で、将領級の人たちがしばしば七～八間（約一二～一五メートル）の距離で撃たれて落命している。

しかも、和製火縄銃（鉄炮）の名人なら一〇間（約一八メートル）でかなりの命中があった。江戸期の角場（射撃場）でも通常は一五間（約二七メートル）で黒点（命中を示す的）の直径は八寸（約二四センチ）だし、上級者は三〇間（約五五メートル）でも命中させることができた。

幕末、ペリー来航のショックで国防力の強化を急いだ幕府は、銃器の輸入を自由化した。一八五九（安政六）年六月二〇日、「各国船来の武器類……万石以上（大名）・以下（旗本・御家人）、諸家《しょけ》陪臣《ばいしん》に至るまで買取りが自由」であるとした。以後、幕末・維新期にいたるまで、おそらく五〇種類以上、六〇万挺あまりの外国製銃が日本人の手に渡った。そしてそれらを模倣した西洋式小銃も一〇万挺以上があったと思われる。

施条（ライフリング）の発見

施条（銃身の銃腔内に彫られた螺旋状の溝）が、弾丸の直進性や打撃力を増すことは以前から知られていた。発見は一五世紀後半から一六世紀の初頭の頃だったらしい。初期のライフル銃は、わが国に火縄銃が広がる前に生まれていたのだ。しかし、それはあまり使われることがなかった。

アメリカ独立戦争（一七七五〜一七八三年）の時代、英国陸軍は滑腔のブラウン・ベス小銃を使っていた。口径〇・七五インチ（一九・〇五ミリ）、銃身長四六インチ（一一六・八センチ）、全長は六二インチ（一五七・五センチ）という長大なもので、ロング・ランド・パターンと呼ばれた。ランドとは陸軍用をいう。

一方の大陸軍《たいりくぐん》といわれた独立派のアメリカ民兵軍はフランスから供与された前装式のシャルルヴィル・マスケット銃を主に使っていた。マスケットというのは滑腔銃の総称でもある。口径は〇・六九インチ（一七・五二ミリ）、銃身長四四インチ（一一一・七センチ）、三つのバンド（環帯）で銃身と銃床を結んでいた。そこが英国軍のブラウン・ベス小銃との外見上の大きな違いである。

これらに加えて、のちにケンタッキー・ライフルという名称で知られるようになったペンシルヴァニア・ライフルという小銃がアメリカ民兵によって使われた。もともとは猟師たちが愛用したもので(イエーガー・ライフルともいう)、銃腔内にライフリングが彫られていた。口径は〇・三六～〇・四五インチ(九・一四～一一・四三ミリ)で、銃身長は三五～四八インチ(八八・九～一二一・九センチ)というやや小ぶりのものだった。

もともと銃腔内にはまっすぐな溝が彫られていた。黒色火薬や弾丸の鉛のカスがこびりつくのを防ぐためである。溝の本数が増やされて、斜めに溝を切ったほうがさらに汚れが少なくなることがわかった。そのうちに溝によって弾丸が回転することに気づき、施条(ライフリング)された小銃が開発された。

ところが、溝を彫ったために、銃腔の直径には「山と谷」ができた。弾丸をより密着させるには「谷」、つまり直径が大きいほうに弾丸の直径を合わせる必要があった。「山」に合わせたら、そこから火薬ガスが逃げてしまうからだ。おかげで弾丸を銃腔内に押し込む時に、けっこう抵抗があり、時間もかかることになった。獲物を待ち伏せることが多い狩猟には使えたが、戦場での撃ち合いには適さないと考えられていた。

球形から椎の実型の弾丸へ

弾丸に鉛が使われたのは比重が大きく、しかも適度に軟らかいからだ。融点は摂氏三二七・五度と低かった。発射された球形の弾丸は変形してしまう。後ろ半分、つまり火薬ガスに押される側は扁平《へんぺい》になる。半球状の弾丸が飛んでいくのだ。とすると弾丸の後部に窪みをつけておけば、そこに入ったガスの圧力で、後部は膨らむのではないかと考えた人がいた。

それならば「谷」の内径に弾丸の大きさを合わせることはない。「山」の部分に密着し、こすれるくらいの大きさでいい。火薬ガスの圧力で膨らんだ弾丸の後部は、がっちりとライフリング（溝）に食いついていく。ガスも漏れることはない。厳密には深い溝だと少しは漏れてしまうがそこは無視してもいい。弾丸の頭部も球形である必要はない。こうして尖頭弾《せんとうだん》、あるいは「椎《しい》の実弾《みだん》」といわれる現代につながる銃弾の形ができあがった。

この銃弾は発明者であるフランス陸軍のミニエー大尉の名前をとって、ミニエー弾といわれている。また、この弾を使った前装式ライフル銃を「ミニエー・ライフル」というようになった。弾の発明は一八四四年といわれ、フランス軍がこの弾を使ったライフル銃を完成させたのが一八四六年という。

一八四九年には幕府は江戸の湯島（東京都文京区）で大筒鋳立場《おおづついたてば》を開設した。五一年には佐賀で反射炉が建設され、鋳鉄《ちゅうてつ》大砲を製作した。そして翌五二年、佐賀藩は一〇年間でオランダ製小銃三千挺の輸入を決定した。幕府や諸藩も決して居眠りを続けていたわけではなかったのである。

さらに一八五三年六月、ペリーが四隻の黒船を率いて浦賀に来航。それに驚いた幕府は何もできなかったというイメージがあるが、それはあまりに事実を知らない受け止め方である。来航以後、九月には多数の兵学書をオランダに発注している。同月には伊豆韮山《にらやま》の代官、洋式兵学者である江川太郎左衛門《えがわたろうざえもん》（一八〇一～五五年）が江戸湾に品川台場《だいば》を築造した。

この一八五三年は、ロシアとトルコがクリミアで衝突していた。戦争は五六年まで続くが、五四年には英仏もロシアに宣戦する。上海《シャンハイ》の英仏連合艦隊は、ロシアの極東の拠点、ペトロハバロフスクを急襲した。街は焼かれ、ロシア軍の反撃は成功しなかった。兵力では勝っていたロシア軍の反撃を許さなかったのは、艦隊の砲のおかげもあったが、上陸した英仏連合軍の海兵隊員がもつミニエー・ライフルの力も大きかった。

国際情勢の緊迫化のなか、幕府は一八五五年には、諸藩にも「小銃製作勝手たるべし」という武器製造の自由を与えることになった。すでに前年には幕府は重要な軍制改革の一環として、「講武所《こうぶしょ》」の開設を起案していた。そして五七年には伝来の剣術や槍術などといっしょに西洋流砲術（小銃射撃も含む）も幕臣に教えようとした学校が開かれたのである。

この学校は幕府の期待に反してうまくいかなかった。幕府の旗本・御家人たちは「小銃」を手にして駆けまわることを好まなかったのだ。

長州藩に「ミニエー銃」を売った英国商人グラバー

英国商人トマス・グラバー（一八三八～一九一一年）はスコットランド生まれ、上海からやってきた。一八六二（文久二）年に商会を設立し、当初は茶の再製場（荒茶を精製して仕上げる）を経営して日本茶の輸出に力を入れた。一八六四（元治元）年に大手商社ジャーディン・マジソン商会から資金を借り入れ、武器、兵器の輸入に取り組んだ。

長州藩士井上馨と伊藤博文はグラバーとの話し合いを順調に進め、蒸気船一隻、小銃七三〇〇挺を購入する契約を結んだ。この船と銃は八月二六日までに無事に長州藩に引き渡された。木造蒸気船のユニオンは代金を七万ドル（ただし三万九〇〇〇両と見積もった）、小銃はミニエー銃四三〇〇挺、ゲベール銃三〇〇〇挺である。ミニエー銃は一挺あたり価格一八両、ゲベールは五両で合計の代金は九万二四〇〇両だった。この幕末の貨幣の現在価値との換算は難しいが、インフレのために一両＝四万円としたら、ミニエー・ライフルは七二万円、ゲベールは二〇万円にあたる。

ミニエー銃の銃種は明らかではないが、当時最も多く見られたのは一八五三年に英国軍が制式化したエンフィールド銃である。わが国ではこれをなまって「エンピール銃」と呼んだ。もちろん発火機構は雷管を使う。価格にはこうした付加品や銃剣、手入れ用具なども含まれていたのだろう。

欧米ではフリント・ロック式の燧石銃が長い間使われた。ただし、前述したように命中精度は火縄の鉄炮に比べれば、ひどく低いものだった。欧州からの渡来にあたって、どこの大名家でも和式炮術家が導入に反対したのは、その弱点があったからだ。点火が火打ち石を金属に激しくぶつけるものだったから、その衝撃はひどく大きかった。日本人が鉄炮に要求する狙撃には向いていなかったのだ。

欧米でも密集隊形どうしの撃ち合いに使われるのが主流だった。

ところが、雷管の採用で、弾薬といわれる弾丸と装薬が一体化したものが工夫された。紙薬莢《かみやっきょう》の前身といわれるようなものである。考え方は火縄銃時代の早合《はやごう》である。アメリカ映画『グローリー』（一九八九年）の戦闘シーンや訓練シーンでそれを見ることができる。映画は南北戦争のマサチューセッツ第五四志願歩兵連隊を描いたものだ。支給された銃は一八五七年型スプリングフィールド・マスケットである。

装塡には紙袋の封を歯で切る。包まれていた弾丸と装薬を槊杖で外装の紙ごと突き入れる。次にプライマー（雷管）をニップルという凸型の突起にはめる。このニップルには銃身後部の点火孔まで穴が貫通していて、ハンマーで叩かれた雷汞の火が装薬に点火した。

どこの国の陸軍も一分間に三発まで撃てるように訓練したらしい。映画では新兵が訓練中に連隊長が後ろに来て、頭の後ろで拳銃を発砲する。リボルバー（輪胴弾倉式拳銃）であるから、連隊長は次々と発砲できる。落ち着いた射撃場の環境でいくら早く弾を込められても意味はない。実戦場で使えるようにしたかったのだろう。このシーンはのちに映画『ラスト サムライ』（二〇〇三年）でも同じように使われた。どちらもエドワード・ズウィック監督の作品だった。

福澤諭吉の「雷銃操法《らいじゅうそうほう》」

慶応義塾大学の創始者、福澤諭吉《ふくざわゆきち》（一八三四〜一九〇一年）は豊前中津藩（大分県中津市・奥平家）の下士の家に生まれたが、のちに幕臣になった。得意の英語力を生かして、軍事に関する文献も多く翻訳した。そのうちの一冊が『雷銃操法』である。表紙には慶應二年、すなわち一八六六年一二月の日付がついている。岩波書店から昭和三四（一九五九）年に復刻された「福澤諭吉全集・第二巻」で読むことができる。

興味深いのは「雷銃」ことエンフィールド銃の「最低弾道高」である。当たり前のことだが、銃口から出た弾丸は決して直進しない。重力により少しずつ落下する。だから、銃には照準装置が付けられ、重力による落下を調整する。銃身最後部にあるのがリア・サイト（照門《しょうもん》、火縄銃では目当て）、銃口近くにはフロント・サイトといわれる照星《しょうせい》がある。この照門と照星を合わせて照準する。のちの小銃になると、照門の高さを変えられるようになる。

エンフィールド銃には、ローマ字のMのようなリア・サイトと、同じくAのようなフロント・サイトが付いていた。遠くを狙うにはリア・サイトを高くして発射角を大きくする。そこを通してフロント・サイト越しに標的を見るため、遠くになるほど銃口は上を向く。弾丸は山なりに飛んで行って照準した標的に命中する。照準線（目と狙った標的を結んだ直線）は弾丸が実際に飛ぶ道筋と二度交差することになる。一度目は銃口を出た直後（発射点）、二度目は狙った標的（弾着点）である。

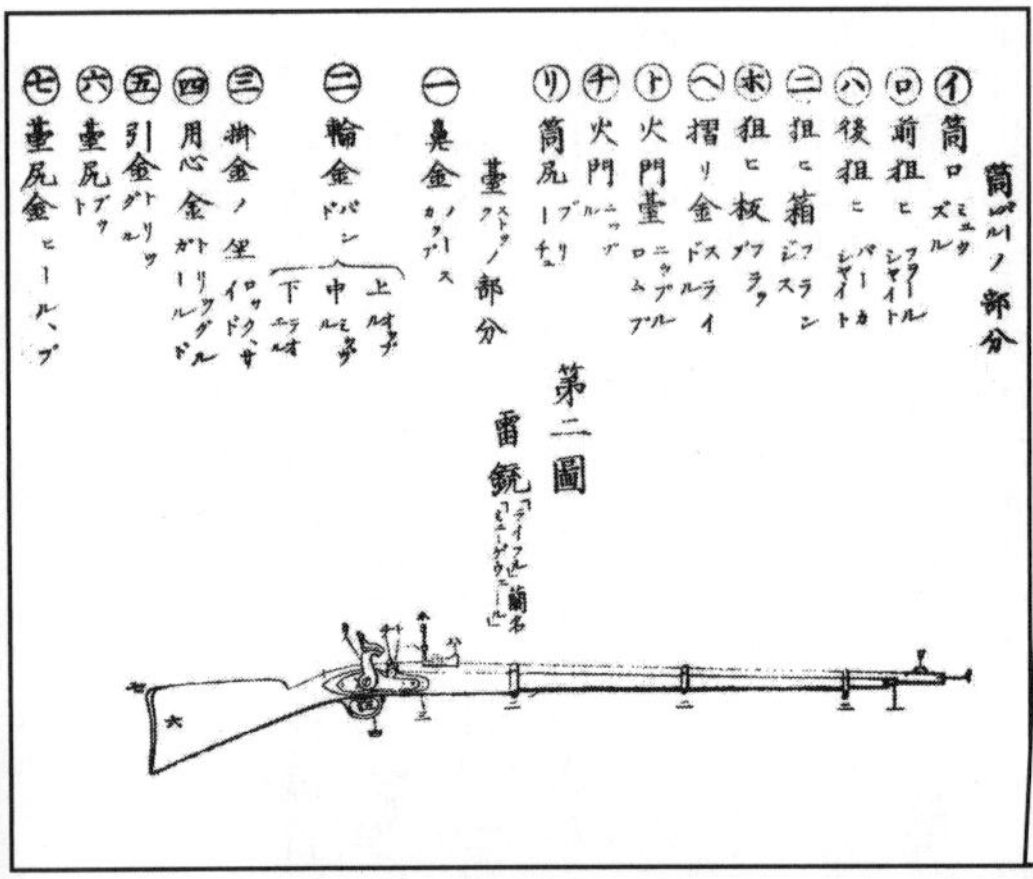

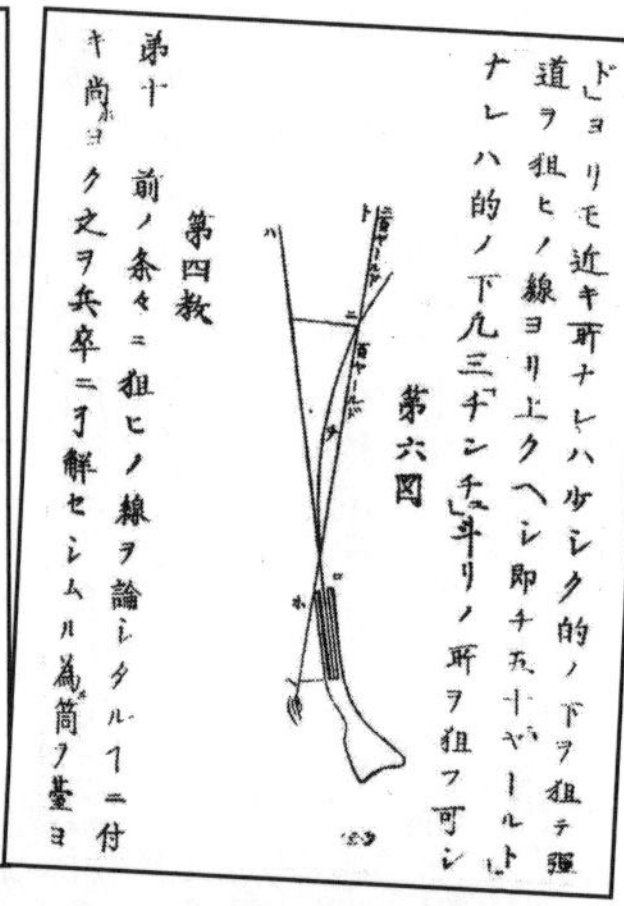

『雷銃操法』。江戸の芝口にあった古書店で、たまたま福澤諭吉が手にした英国陸軍ライフル銃の教範で、夫人の弟が幕府代官洋学者の江川太郎左衛門の弟子だったので、さっそく実銃と照らし合わせた。素晴らしい解説書だったのですぐ翻訳したという。原本は1864年版だが、1867年に翻訳ができた。（国立国会図書館）

　この弾丸が飛ぶ道のりを「弾道」というが、山なりに飛ぶ時、地上から最も遠い高さを「最大弾道高」という。『雷銃操法』にもそれが書かれている。

　一〇〇ヤード（約九一・四四メートル）の的を狙うと、四・五フィート（一三七・一六センチ）が最大弾道高である。二〇〇ヤードだと、これが五フィート（一五二・四センチ）、三〇〇ヤードなら七フィート（二一三・三六センチ）、肉眼で敵歩兵を識別して撃てる限界である五〇〇ヤード（約四六〇メートル）に届かせると一四フィート（約四二七センチ）と途中の最高点は地上からは五メートル近くにもなってしまう。

　当時、敵騎兵のシルエットは八・五フィート（約二六〇センチ）、同じく歩兵は六フィート（約一八三センチ）とされていた。指揮官が敵との距離を測って、「敵との距離、二〇〇ヤード！」と号令する。部下の兵士が照尺（照門の高さを合わせて）を合わせ、敵兵の足首を狙って撃つ。敵が二〇〇ヤード内にいれば、弾丸は最高でも約一五二センチしか達しないから、敵兵は中腰の姿勢でも必ず身体のどこかに当たる。

集団で射撃しないで散開した戦闘の場合、二人が一組になった。一人だけが射撃する。もう一人は弾着を観測し、射撃済みの銃に弾薬を装塡し、距離の修正を報告する。これは現在の狙撃兵も同じような行動をとっている。射手の視界は大変狭い。観測手は目標を指示し、同時に測距《そっきょ》（距離の測定）を補助し、より大きな視野で周囲を監視する。

興味深いのは、『雷銃操法』にある発射時の心得である。現代語に直してみよう。

「銃の台尻（床尾）を肩のくぼみに強く押しつけて、筒の振動を押さえなくてはならない。自分の銃は絶対に大丈夫なものと思い、少しも臆《おく》することなくして、放発（発射）すれば必ず手際《てぎわ》良い射撃ができる」

恐ろしかったのは反動だろう。一〇〇メートルあまりしか飛ばない火縄銃とはひどく違って、一〇〇ヤード、二〇〇ヤード、三〇〇ヤードも狙えるのだ。だから両手と肩の三点保持で反動をしっかり受け止めるのが洋式銃である。何より恐れるべきは銃の振動だった。ぶれてしまったら弾丸は狙ったところには飛んでいかない。また、その装薬の爆発音は十分に恐ろしいものだった。銃が壊れたら、この銃身が裂けたら、機関部が割れたら、想像するだけで恐ろしい。まさに自分の銃こそ大丈夫と信じなかったら、「雷銃」を撃つことなどできなかった。

銃隊操練はまず姿勢の矯正から

江戸時代の人は、ふつう走らなかった。左右の手を脚の踏み出しと逆に振って歩くこともない。走ることができたのは特別の訓練を受けた飛脚《ひきゃく》や、武士では一部の足軽、小者《こもの》だけである。まっすぐ背筋を伸ばして立つこともなかったし、その必要もなかった。農山漁村では、幼い頃から働いた。それでは決まった姿勢、決まった筋肉の使い方しかしない。一〇代の後半ともなれば、すっかり身体は固くなっていたのである。

武士は手に白扇《はくせん》をもち、しずしずと歩く。急に雨が降っても走らない。農民は背中と膝を曲げてゆっくり歩く。大工や職人は道具を担ぎ、のそのそと歩く。商人は前垂れに両手を隠して、前かがみになって歩幅を小さくして歩いた。いずれも手を振らない。いくらか急いだとしても、右手と右足、左手と左足を同時に出す、いわゆる「ナンバ歩き」である。

現代の時代劇などを見ていると、「皆の衆、大変だぁ」などと村人が走ったり、武士が歩調をそろえて歩いたりするが、あれは「らしく」みせるためのウソである。現在の俳優たちが、実際の江戸時代の人々の「近代化・規格化」されない身体の動きは再現することはとても無理だろう。

皇居北の丸の練兵場で執銃訓練をする近衛歩兵。スナイドル銃に長い銃剣を付けている。1878（明治11）年の撮影。

まず、兵士の「膕《ひかがみ》」から伸ばさなくてはならなかった。「ひかがみ」とは膝の裏側のことである。ひかがみを伸ばさなければ、直立はできない。これが当時の人たちには難しかった。幕末に来日した外国人の中には、「日本にはサムライという支配民族と、支配される他の民族がいる」と観察した人がいた。武士階層と庶民には体格や姿勢その他で明らかに異民族に見えるような差があったらしい。

昭和初めになっても、軍隊の中に上官に叱られたことを「ひかがみを伸ばされた」という言い方があった。緊張して不動の姿勢をとらされたことだ。油断すれば、すぐに昔の人は膝を曲げてしまったのだ。

だから銃隊操練はまず、姿勢の矯正、運動の自在さから始めなくてはならなかった。いまもわたしたちが、いきなりスケートやスキーができないように、当時の多くの人は走ることは練習しなければできなかったのである。

少し後になるが、フランス軍の教官たちが、集まった幕府陸軍士官候補生たちに行なわせた基本訓練がある。それはまず柔軟体操であり、目隠し鬼ごっこ、後ろ向きに走ることや、手つなぎ鬼、高いところから跳ぶことなどだった。教官たちの苦労が目に浮かぶ。わたしたちが現代のような近代的な身体をもったのは、幕末維新から営々と続けてきた学校体育のおかげなのである。

「頭〜右!」の号令で首だけを右に向ける。「直れ!」で元に戻す。一個小隊の四〇人が「小隊、前へ〜進め!」で一斉に左足から踏み出して行進を始める。「ぜんたぁい、止まれ!」で、声に出さずに「いち、に」で停止。

歩き方も決まりがある。歩幅は七五センチで、いまも陸上自衛隊は同じである。「遅足《おそあし》」は一分間に七五歩。葬送の行進で弔銃《ちょうじゅう》を発射する隊員などがこれを行なう。ふだんの歩き方である「早足《はやあし》」は一分間に一一〇歩である。「駆足《かけあし》」の歩幅は九〇センチで毎分一五〇歩である。距離は一三五メートルとなる。

こうして徒手訓練が進むと、小隊単位で整列、行進、停止、前進、後退、斜行進、旋回などができるようになり、銃が渡された。

銃を持って行動するのは特異技能だった

どこの時代の、どこの国の小銃も、重さはおよそ四キログラム前後である。それは要求される射程からくる火薬量による。銃が軽いことは銃の仕組みが華奢《きゃしゃ》であるということだ。発射反動を抑えるにはある程度の重量が必要で、それは平均的な兵士の身体に合わせて考えられる。現代の小銃でも五キログラム未満、三キログラム以上になっている。

長さが一三〇センチにもなり、重さは約四キログラムの銃をいつも身体に引き付けているというのはどれほどの負担になるかわかるだろうか。銃を載せるのは右肩だが、「肩へ～銃《つつ》！」の号令に従い、「立て～銃！」で銃を右手で軽く握って、右足の横に床尾を付けて垂直に立てる。これを何度でも繰り返す。しかも、全員が同じ動作で、同じ時間でこれを行なわねばならない。立てる、あげる、おろすなどの挙動は〇・六秒を原則とした。

銃槍《じゅうそう》を付ける訓練も行なわれた。バイヨネットである。斬撃《ざんげき》より突くことを主とした。「槍《やり》～附《つけ》へ！」で腰から銃槍をとり、右手で銃口の横に装着する。ソケットのように差し込めるようになっている。「槍～脱《はず》せ！」で銃を立てて、はずして元のように腰に帯びる。のちに「着《つ》け～剣《けん》！」「脱《と》れ～剣！」と号令が変えられる。

このように銃の操作や身体の動きについての訓練が終わって、はじめて弾と火薬が渡された。

エンピール銃（エンフィールド・ライフル）

幕末・維新期にエンピール銃といわれたのは、英国で製造された「エンフィールド・ライフル」のことである。このミニエー弾を使う小銃は、一八五三年に英国軍に制式化された。もちろん弾と装薬は銃口から押し込まれ、銃身内には施条（ライフリング）があった。

先に述べたフランスのミニエー弾は椎の実形の尖頭弾《せんとうだん》で、底部に窪みをつけて、そこに木の栓をはめた。装薬によって木栓が押され、後部が広がるように工夫されていた。そこが銃腔内のライフリングに食い込み、弾は回転した。装薬の燃焼で生まれるガス漏れも少なくなった。弾は回転しているから、そのジャイロ効果で直進性も増した。

球形弾丸を滑腔銃身で撃ち出すのがゲベール銃である。それとの性能の比較がある。ゲベール銃は雷管で発火させる西洋銃の総称だが、銃砲研究家の岩堂憲人氏の『世界銃砲史』の中に命中率の比較をした数字がある。ミニエー銃は命中が期待できて、敵兵を確実に死傷させることができる有効射程が三〇〇メートルに伸びた。

おそらく銃を台に固定しての射撃による結果と思われるが、一〇〇ヤード（約九一メートル）では、ミニエー銃対ゲベール銃の命中率は、九四・五パーセントに対して七四・五パーセントである。それが二〇〇ヤード（約一八二メートル）になると、八〇パーセント対四一・五パーセントにもなってしまう。三〇〇ヤード（約二七四メートル）では、五五パーセント対一六パーセントと歴然とした差が出る。さらに四〇〇ヤード（約三六五メートル）では四・五パーセントしか的に当たらないゲベール銃に対して、ミニエー銃は五二・五パーセントが命中という圧倒的な違いを見せつけた。

肉眼で識別して人間を狙撃できる限度は五〇〇メートルくらいである。それ以上離れた敵に対しては一斉射撃したが、密集して行進する歩兵や輜重部隊にとってはそれでも十分な脅威だった。

エンピール銃の地板《じいた》（機関部）には王冠のマークと「タワー（Tower）」という刻印がある。しばしば「鳥羽《とば》ミニエー」ともいわれる銃がこれである。「タワー」を耳から聞いて「鳥羽」と当て字したのだろう。この一八五三年式の特徴は、火門を保護するための蓋が用心鉄《ようじんがね》（引鉄を保護する）の鋲《びょう》から鎖でつながれているところである。また使用する弾丸が、ブリチェット弾という、弾丸の底部に木の栓を埋め込まず、ガス圧だけで広がるようになったものだった。（所荘吉『図解古銃事典』）

歩兵銃は口径一四・六六ミリ、銃身長は八四〇ミリ、銃全長一二五〇ミリ、重量は三・八八キログラム、二つの環帯（バンド）で銃床と銃身は固定される。銃口部に照星と銃剣止めが付いている。

撃発機（撃鉄・ハンマー部）は銃床の右側にある。射程一二〇〇ヤードといえば、約一〇九七メートルにもなり、黒色火薬使用のライフルでは「前装銃中の最高傑作」という評価もうなずける。のちに機関部を改造して後装銃になったものもある。

銃剣はヤタガン式といわれる湾曲した刃長五七・五センチにもなる長大なものだった。陸軍兵器本廠の昭和四年版の『兵器廠保管参考兵器沿革書』によれば、一八六〇年に製造されたもので全長七二五ミリとある。一二五〇ミリの銃に取り付ければ、全長は一九〇〇ミリ前後にもなった。銃尾を地面に着けて斜めに立て、騎兵の突撃を防ぐには、こうした槍のような長さが必要だったからだ。

ミニエー銃の射撃訓練

「込《こ》め～銃《つつ》！」の号令がかかると、右手で銃を身体の正面に立てる。左手に持ち替えて、右手で胴乱（弾薬バッグ）から弾薬包を取り出した。銃を保持した左手で紙製の包みを持ち、右手の指で紙製薬包の底部を引き裂く。装薬を銃口から注ぎ入れる。このあと、弾の尖端を上にして、紙もいっしょに銃腔にいれる。あわてて上下を逆に入れるとやっかいなことになる。弾の後部が開かず装薬のガスは弾の脇から漏れてしまい、射程も短くなってしまう。

銃身の下部についた槊杖《さくじょう》（ロッド）を引き出し、二度、押し下げて弾丸を確実に装薬の上に落ち着かせる。乱暴に突っ込んで、弾頭を傷つけないようにしなくてはならない。槊杖を元に戻すと、右手で銃把（グリップ）を握り、右の腰骨に固定して左手で銃を支える。

いよいよプライマー（雷管）の取り付けである。右手の親指で、鶏頭《けいとう》ともいわれた打金《うちがね》（撃鉄・ハンマー）を静かに引き起こす。ロックしたら、右手で腰につけた雷管入れから薄金でできたキャップ状の雷管をつまみ出す。火門に親指で押し入れる。その後はハンマーをおさえながら引鉄を引き、ゆっくりと雷管にかぶせる。これで、安全になった。「肩へ～銃！」で待機姿勢になる。

次に撃発である。「小隊～準備《かまえ》！」で、撃鉄を引き起こし、「狙え！」で銃を構える。銃床を右肩に押しつけ、左の掌《たなごころ》で地板を下から支える。人差指を引鉄にかけて、右目で照門を覗いて照星と合わせて的《てき》に照準をつける。「打て！」の号令で、静かに引鉄をしぼる。撃鉄が落ちて雷管をたたき、装薬が燃焼する。

射撃の名手村田経芳《むらたつねよし》によれば、英国式の狙撃術の教えがあるという。村田の言葉では、「息継ぎ、気抜け、狙い、指掛け、絞り」となる。英国陸軍での、ブレス（Breathe）、リラックス（Relaxed）、エイム（Aim）、スラック（Slack）、スクィーズ（Squeeze）を村田流に翻訳したものだろう。

息を吸って吐き、もう一度吸い、吐いて止める。そのとき銃口はまったく静止しているように見える。銃を構えたまま四秒を過ぎると銃口が揺れ始める。そうならないよう初心者はすぐに撃とうとして引鉄を強く引くから、その動きは銃身に伝わって、弾丸はあらぬ方向に飛んでいく。当ててやろう、必ず当てようと思うからいけない。そこで気を抜く。ただし狙いはつけたままである。じっくりと指先に少しずつ力を加え、もう少しで撃鉄が落ちるというところまで引く。指先のやわらかいところ（指先と第一関節の間）で静かに引鉄を絞り切る。

この「最後の絞り」の心得は「寒夜《かんや》に霜が降るごとく」という表現で日本陸軍には後世まで伝わった。射撃で的を外してしまうのは、いわゆる「ガクびき」である。力んでしまい、強くガクッというように引鉄を引いてしまうことである。

ただ、敵弾が身近に飛来し、擦過音《さっかおん》が聞こえ、至近弾は衝撃波まで身体に伝えてくる。そういう状況で、冷静に、この教えを守るのは、なかなかふつうの人間にできるものではない。あくまでも基本的な心得である。十分な訓練によってこの境地になるべく近づくようにするしかない。

連発式の後装ライフル「スペンサー銃」

南北戦争が始まった一八六一年の夏、ワシントンで二〇歳の青年、クリストファー・スペンサーが持ち込んだ連発式の後装ライフル銃がトライアル（実用試験）を受けていた。ホワイトハウスではリンカーン大統領もこの銃を試射している。結果、このスペンサー銃は合衆国軍（北軍）に採用され、彼は銃砲史に名を残した。

スペンサー銃が使ったのは一八五七年に開発された金属薬莢式のリム・ファイア弾だった。弾丸口径は〇・五六インチ、すなわち約一四・二ミリで、リム・ファイアといわれる発火形式だった。リムというのは薬莢の直径より少し大きな周囲の縁《ふち》のことである。そこに発火薬（雷汞）が仕込まれていて、そのどこでも打撃すれば爆発する。だから撃鉄は機関部の右側にあった。現在のように、金属薬莢の底部の中央に雷管を埋め込んで、それを打撃するセンター・ファイア（中央発火）実包が開発されたのは一八六六年のことだった。

スペンサー騎銃。NHK大河ドラマ「八重の桜」で主人公が使った連発騎銃である。銃尾に管状弾倉をもった７連発銃で、用心鉄を兼ねたレバーで排莢・装填を行なう。銃床は前床と尾床の２つに分かれ、鋼製の尾槽を間にして結ばれている。全長は940ミリ、重量3.85キログラム。

連発の秘密は銃床の中にある。床尾板の装塡孔の蓋を真横に九〇度回して弾薬を押すコイルス・プリングを取り外す。七発の金属実包が入ったチューブ状の装弾補助具を差し込み装塡して補助具だけを抜き出す。再び弾薬を押すコイル・スプリングを差し込んで装塡孔を閉じる。その後に、引鉄の用心鉄（トリガー・ガード）を兼ねたレバー（アンダー・レバー）を押し下げるとスプリングの力で弾薬が底碪にのり、レバーを戻して弾薬を薬室に装塡する。撃鉄を起こして引き金を引くと発射する。再びレバーを上下に操作すると排莢し装塡もするので後は同じ手順で次々と射撃することができる。

この銃の日本での形式名称は「底碪式《ていがんしき》」という。「碪」は「きぬた」という意味で、布を木槌《きづち》で打って光沢を出す時に下敷きにした木や石の台のことをいう。この銃はブリーチブロックアッセンブリー

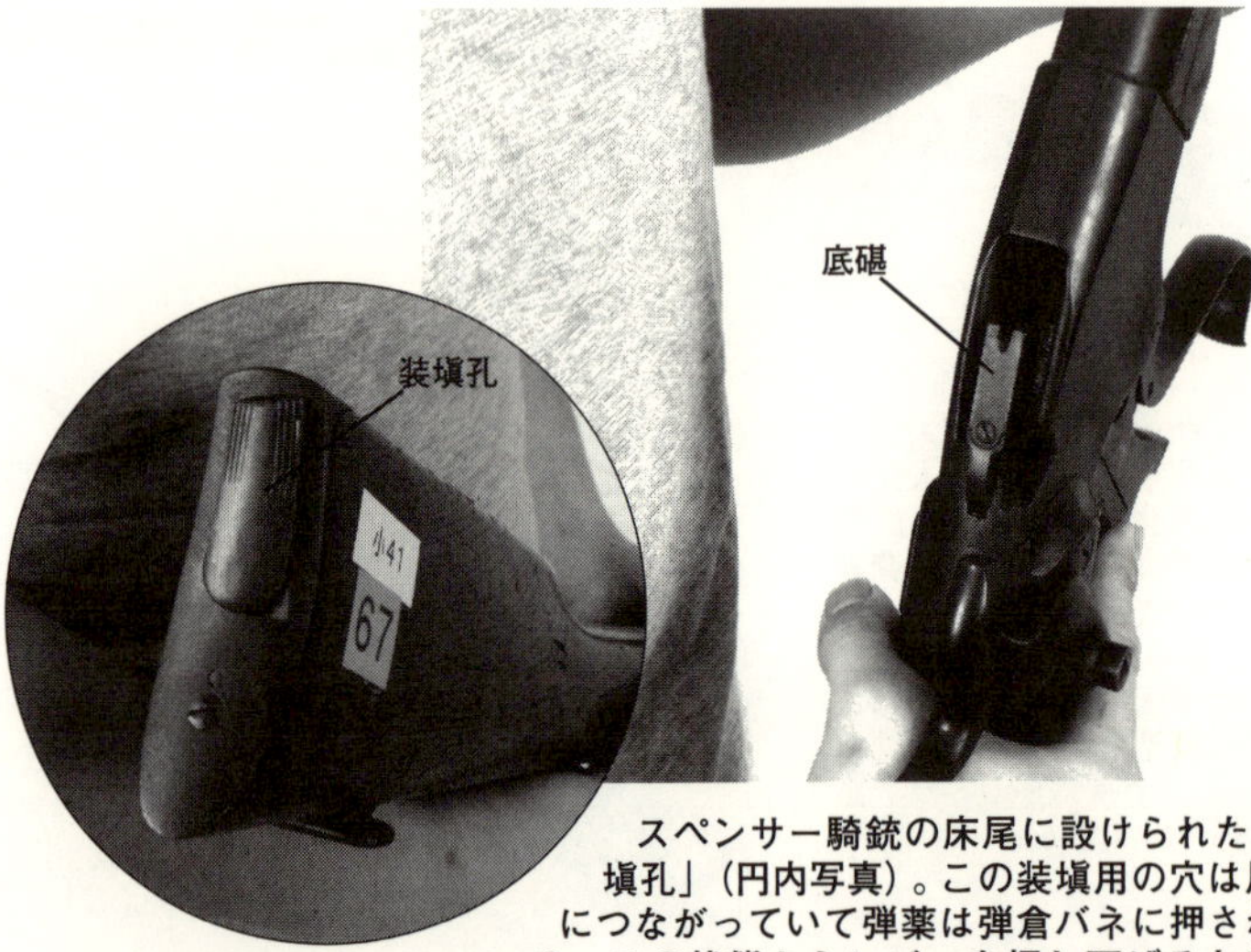

スペンサー騎銃の床尾に設けられた「装塡孔」（円内写真）。この装塡用の穴は尾槽につながっていて弾薬は弾倉バネに押されている。この状態からレバーを押し下げると底碪（ていがん：ブリーチブロック）が下りてきて薬室が開く、弾倉バネに押された弾薬が底碪にのり、レバーを戻すと尻を押されて薬室に装塡され、閉鎖が完了する。あとは撃鉄を上げて引き金を引けば弾丸が発射される。

（底碪）がレバー操作で露出してその上に弾薬がのるのでこれを木や石の台に見立てた命名だろう。

銃身長によって歩兵銃と騎銃（カービン）に分類され、歩兵銃は一万二四七一挺、カービンは七万七一八一挺が北軍に買い上げられた。この公式の買い上げのほかにも、私的に購入された銃も多くあったという。（岩堂憲人『世界銃砲史』）

余剰武器の購入

南北戦争が終わり、欧米では銃器、銃弾、装備品が大量に余った。買い手はどこにいるか。政情不安で、各地に武装勢力が存在する所、それは今も昔も変わらない。さらにわが国の先人たちは「大の鉄炮好き」である。欧米の商人にとって、日本の諸大名家は最高のお得意さんだった。
なかでも佐賀鍋島家は最新兵器の購入に熱心であり、一八六一年にはミニエー弾を使うエンフィールド・ライフル、その破壊力で有名なアームストロング砲を長崎のグラバー商会から購入した。これは三千挺のミニエー銃をグラバー商会から買った薩摩藩より三年も早かった。さらに一八六四年には歩兵戦闘法も英国式銃陣を採用した。

佐賀藩は、スペンサー・ライフルを当時の金額で一挺三七ドル八〇セントで購入した（『図解古銃事典』）。総額で一一万三四〇〇ドルである。佐賀藩の熱意と富裕さがよくわかる。幕末の交換レートは複雑で、正確なことはわかりにくいが、一ドルが銀四五匁《もんめ》（一両の約四分の三）で概算すると、二八両あまり。これまた一両が現在の四万円くらいと考えれば、一一〇万円ほどになり、かなりの高額である。

同時にアメリカ製レミントン小銃も五百挺買い入れたという。これはスペンサー銃と同じく底碪式になるが、用心鉄がレバーではなく銃尾の下側に薬室の閉鎖を行なう枢軸《すうじく》が装備されている。機関部は撃鉄と底碪でできている。

スペンサー騎銃はNHK大河ドラマ『八重の桜』の女主人公、山本八重子（一八四五〜一九三二年、のちに新島襄《にいじまじょう》の妻となる）が会津籠城戦で使ったことで有名である。彼女は藩の砲術指南役の家に生まれ、兄の覚馬《かくま》（一八二八〜一八九二年）から洋銃射撃の訓練を受けた。籠城戦では薩摩軍の後装スナイドル単発銃との撃ち合いで、その速射性を見せていた。おそらく兄が個人的に購入した銃だったのだろう。

ただ、スペンサー銃のレバー・アクションは軍用小銃の主流にはなれなかった。黒色火薬を使う当時の軍用弾薬は長く大きかったので、これを使えば弾薬をのせる底礎部が長くなり（作用点）、梃子の原理を応用したレバー・アクションでは力点である操作レバーが実用を超えて長くなるので強力な軍用弾薬を用いることが難しかったからだ。もちろん長い軍用弾薬に合わせれば機関部も大きくなってしまう。

ボルトアクションの登場—プロイセンのドライゼ銃

ボルト・アクションの機構は、一八四一年にプロイセンの技術者ヨハン・ニコラウス・ドライゼが開発した。発射機構はボルト・アクション、「回転鎖閂式《かいてんさせんしき》」という。「閂」とは「かんぬき」のことである。槓桿《こうかん》回転式と書かれることもある。

円筒状の遊底についた槓桿（ボルト・ハンドル）を左右に回転させて駐定《ちゅうてい》を解いて、鎖体《さたい》を後退させて銃尾を開く。また槓桿を前に動かして回転させて銃尾の閉鎖を行なった。まさに門や扉の「かんぬき」そのものである。

のちの十三年式村田銃、十八年式村田銃・騎銃、三十年式歩兵銃・騎銃、三八式歩兵銃・騎銃、九

九式小銃でも採用された機構である。現在の狙撃銃や競技用ライフルも同じ機構を使っている。いわば完成された、もうこれ以上、改良の余地がない銃尾機構の元祖がドライゼ銃だった。

またこの銃は、固い紙で弾、装薬、雷管を包んだ一体型薬莢を使った。引鉄を落とせば、ボルト（遊底）に内蔵された長い針（ニードル）が紙薬莢の底部を突き破って雷管を突いた。このシステムを使ったドライゼ銃の紙製薬莢は、なかなか複雑な造りだった。上から弾、サボ（ワッズ）、雷管、装薬の順になる。サボは卵のような形にすぼまった弾の下部を支えるもので、その中に雷管があった。

遊底の中には撃針《げきしん》、コイル・スプリングが組み込まれていた。撃針は弾薬筒の中の装薬を貫いて、弾の底部にある雷汞を撃って発火させる。そのため抵抗が少なくなるように細い針が採用された。この細い撃針は装薬の燃焼にさらされるので破損しやすく、欠点の一つに数えられた。

照尺は伸縮型で四〇〇から一二〇〇メートルまで、一〇〇メートルごとに分画《ぶんかく》があった。四〇〇メートル以下は固定照門である。日本に輸入されたものは、一〇〇〇メートルのものが多かった。

弾薬の弾径は口径より小さく、弾の尾部を包んでいる固い覆いが銃腔内のライフリングに食い込んで銃弾に回転を与えるようになっていた。当然わが国にも持ち込まれ、「ツンナール銃」「火針銃」などと呼ばれた。ドイツ語のツンナデール（撃針）が訛ったことによる。

日本で多く使われたのはプロイセン製の一八六二年式ドライゼ歩兵銃である。口径一五・四ミリ、全長約一三四〇ミリ、重量は五キログラムと重く、照尺は一〇〇〇メートルのものが多かった。ほかに口径が一二・六ミリ、一四ミリ、一四・五ミリのものが輸入された。長く使われ、西南戦争（一八七七年）でも使用された。

フランスのシャスポー・ライフル

一八六六（慶応二）年一二月のことである。幕府の命運もあと一年となった。ただ、誰もがそんなことを思ってもいなかった。そこへびっくりするようなプレゼントが届いた。フランスのナポレオンⅢ世（一八五二年即位）は当時のフランス陸軍の制式銃であるシャスポー・ライフルを二個聯隊分も送ってくれたのだ。その数は二千挺という。

口径は一一ミリ、全長は約一三〇〇ミリ、重量は約四・六キログラム、螺状腔綫《らじょうこうせん》（ライフリングのこと）四条、フランス制式なので照尺の単位はメートルである。この銃は、プロイセンのドライゼ銃を改良したものだった。ドライゼ銃には破損しやすかった撃針のほかにもう一つの弱点があった。それはガス漏れである。

シャスポー銃はガス漏れ対策にゴムを使った。ボルトの正面のすぐ後ろに環状のゴムを噛ませたのだ。おかげでドライゼ銃の二倍ほどの射程となり、口径も一一ミリにまで小さくできた。

幕末以来、一万挺近くが輸入されたが。あまり活躍は伝わっていない。明治になってからはシャスポー改造村田銃が作られた。

金属製薬莢の登場

スナイドル銃は西南戦争の両軍の主力小銃だった単発の後装式ライフルである。一八六六年、英国で「スナイダー・エンフィールド・ライフル」として制式化された。特徴は金属製の薬莢を使うことである。前述したスペンサー銃も金属製薬莢だったが、レバー・アクションによる連発銃で本格的な高性能の軍用ライフルにはなれなかった。

一八六一年に始まったアメリカの南北戦争の前後に、弾丸と装薬と金属薬莢を一体化した自己完結型の弾薬が登場した。装薬は従来の黒色火薬である。ただし紙製薬莢との違いは大きかった。湿気や衝撃に強く、しかも金属製の薬莢が発射ガス圧によって膨張するので火薬ガスを封じ込める性能が飛躍的に伸びたのである。

こうした銃と弾薬の改良で前装式のミニエー銃が一分間で三発発射のところ、後装式スナイドル銃では毎分二〇発発射の記録がある。火力は七倍も増えたことになる。

これまで後装式は銃尾からのガス漏れが問題だった。プロイセンのドライゼ銃も、フランスのシャスポー銃も塞環《そくかん》を使うことで後部からのガス漏れを防いだ。

これを解決したのが金属製薬莢だった。アメリカ人のジェイコブ・スナイダーは一八六〇年に従来の前装式エンフィールド銃を改造することに成功した。まず銃身を銃口から銃尾まで貫通させた筒にし、銃尾側を少し切りつめて、弾薬をおさえるブロックをはめ込んだ。当初の弾薬はボール紙の薬莢の底部だけを金属にしたものだった。口径は〇・五七七インチ（約一四・七ミリ）という大型のものである。

この銃尾の開閉形式をわが国では「莨囊式《ろうのうしき》」といった。莨とはタバコのことをいい、囊は袋の意味である。銃尾の機関部の右側に蝶つがいのような仕組みで、開閉できる蓋が見える。それが当時の煙草入れに似ていたからだろう。左側に把手《とって》があり、遊底に固定されたものと、押しボタン式、ロック式の三種類の作動方法がある。

把手タイプはそれを上げると、蓋は右側に倒れて薬室が現われる。弾薬を入れて蓋を閉じ、撃鉄で撃針を叩いて薬莢の雷汞に点火するシステムである。発射後は逆の操作をして、手前に把手を引けば、抽筒子《ちゅうとうし》（エキストラクター）が撃《う》ち殻薬莢《がらやっきょう》を引き出してくれる。

使用する弾薬筒はボクサー・パトロンと呼ばれる形式だった。英国人エドワード・ボクサーが開発したものでセンター・ファイア（雷管が中央にある）形式の完成品といえる。金床（アンヴィル）が内蔵されていて、発火した火を装薬に伝える孔（伝火孔）が一つある。現在の軍用弾薬の多くもこれを採用している。

薬莢（ケース）は金属製でふつう銅七、亜鉛三の割合で混ぜられた真鍮《しんちゅう》、あるいは黄銅《おうどう》でできてい

上に開くブリーチをもつアルビニー銃。おそらくエンフィールド銃をわが国で改造したものであろう。アルビニー銃はベルギーの制式軍用銃であり、わが国ではエンフィールド銃を後装に改造したものをアルビニー銃という。口径は14.5ミリ、全長1240ミリ、重量4.1キログラム。（富士学校資料館蔵）

る。装薬、弾丸、雷管をケースに入れたものを現在では実包、弾薬包、カートリッジと呼んでいる。ついでにいえば散弾銃ではその弾薬を装弾と呼び、区別する。装弾の原語はシェルである。

同時期にアメリカ人ハイラム・バーダン（ベルダンともいう）が開発したものはバーダン型とされ、これは金床がなく、伝火孔は二つになる。両者の比較では、ボクサー型は工程に手間がかかるので、価格的に高価だが、薬莢の再利用がしやすい。戦場に散らばった空薬莢を回収すればリロード（再装填）が容易である。これに対してバーダン型は再生が難しい。

第2章　日本兵は国産小銃で戦った

村田銃

西南戦争―弾薬の消耗と銃器の損傷

西南戦争（一八七七年）は、まだその実態についての研究が行き届いていない。戦争の経緯や、戦闘の細かい経過はここでは省く。小銃などの装備については、陸上自衛隊富士学校図書室が所蔵する『新編西南戦史』（陸上自衛隊北熊本駐屯地修親会）に従うことにする。政府軍の参戦者は五万四一三八人である。薩摩軍はおおよそ三万人とされている。圧倒的に政府軍の方が多いが、損害もまた多かった。

政府軍の小銃は四万五二八一挺とされる。ただし、種類は一二種類にものぼった。幕末以来の前装式ライフルのエンフィールド銃が全体の五四パーセントを占めるが、熊本籠城軍がのちに弾薬不足を恐れた時に、後装式であると、兵卒がつい気安く撃ってしまうのでスナイドル銃の使用を控えさせたという記録もある。予備銃の多くもエンフィールド銃だったと想像される。

銃は消耗品である。野外で使えば思わぬ故障も起きる。部品も壊れる。当時は銃身鋼もあまり堅いものがつくれなかった。照星や照門もぶつけただけでゆがむことがある。甚だしい場合は無理な力がかかると銃身も曲がってしまうことがあった。もっとも現在でもライフルの銃身は金鋸《かねのこぎり》で切れるくらいの軟らかさである。銃腔内に施条（ライフリング）するため、あまり堅い素材は使えないからだ。

故障した小銃は、その場で部品交換して修理できるものはいいが、それ以外は後方の修理所に送られ、銃工兵や技術者が対応した。どうにもならないものは廃棄された。前線には新たな小銃が送られたが、大阪の砲兵支廠で製造した物は兵器・弾薬だけではなかった。

当時、スナイドル、エンフィールド銃弾は五〇〇発入りの木製弾薬箱に入れられた。スナイドル銃弾用一万一五〇〇箱、エンフィールド銃弾用九〇〇〇箱である。これらの箱は馬の背に載せられたり、軍夫《ぐんぷ》によってかつがれたりして前線に送られた。当然、損耗もあり、壊れたものもあり、回収にも人の手が使われた。エンフィールド弾も、大阪砲兵支廠で六三〇万発が生産されている。

『新編西南戦史』には政府軍の銃砲が損傷して廃棄にいたった数量が記載されている。スナイドル銃九三三七挺、エンフィールド銃二一一挺、マルチニー銃六一二挺、スペンサー銃四二五挺、ツンナール銃四八二〇挺、アルビニー銃一七八二挺、その他五五六挺、合計で一万九六四三挺になった。

小銃弾の消耗数の記録もある。スナイドル弾薬二六一四万五〇三八発、エンフィールド同三四二万三七八〇発、マルチニー同七万七八四三発、スペンサー同一一万五一三二発、ツンナール同二〇五万四七三一発、その他は四五万六八六八発、合計で三二二七万三三九二発となった。

およその数で理解しておこう。小銃の破棄数は約二万挺、小銃製造を一手に行なった砲兵本廠（東京）から送り出された約五万二〇〇〇挺の三八・五パーセントにものぼった。もちろん、この中には戦闘中に敗走し、退却する時に放棄したものも含まれる。当時の鎮台兵（政府軍）はしばしば兵器・装具を捨てて潰走《かいそう》した。新型のスナイドル銃も薩摩軍に鹵獲《ろかく》されて、元の主人に向けて撃たれることも多かった。

この時、政府軍の小銃弾薬はどうにか国産でまかなうことができた。福岡、長崎での部隊が受領した数は約六三〇〇万発といわれる。すでに部隊などで備蓄されていた数量もあっただろうが、およそ半分の三二〇〇万発が消費された。

フランス製シャスポー銃の改造

村田経芳（一八三八〜一九二一年）は薩摩藩（鹿児島藩）の外城士《とじょうし》として生まれた。幼い頃は病弱であった。少年になってから射撃に開眼し研究を続け、藩では後装式の小銃開発に打ち込んだ。鳥羽・伏見の戦い（一八六八年）では小銃小隊長として従軍、その後各地を転戦し、有能な軍隊指揮官でもあることも示した。凱旋してからは鹿児島藩軍の教育・訓練に多大な貢献をした。

村田は軍の制式銃を統一することにたいへん熱心だった。西欧軍隊の強さの秘密は、小銃の教育訓練、射撃統制、使用弾薬の統一であり、その結果による補給、運用の秀逸さがあると見ていたのである。戊辰戦争での村田の実戦体験もそれを裏付けた。相手にした旧幕府軍、奥羽越列藩同盟、箱館政府軍、いずれも使う小銃は統一されていなかった。射程も違えば、弾薬の互換性もなく、敵の不手際はよく目立った。

一八七一（明治四）年三月、村田は兵部省一等師範出仕、同七月大尉に初任（近衛三番大隊付）。一八七三年、東京の兵学寮付きになる。兵学寮はのちの士官学校である。続いて射的学校（小銃の射撃・訓練・研究をする、のちの戸山学校）付になり、国産小銃の開発に打ち込んだ。

村田はフランス製のシャスポー銃を高く評価し、一八七三（明治六）年には「斜式《しゃしき》六年型歩兵銃」を開発する。シャスポー銃を改良し、やや軽量化したものである。機関部のシステムは十分に使用に耐え、その国産化にも不安はなかったが、発条（バネ）と銃身用の鋼材には自信がもてなかった。

少佐に進級し、東京鎮台付《ちんだいづき》から戸山学校付になり、幕府や土佐藩が持っていたシャスポー銃の改造にさらに取り組んだ（造兵司兼務）。この頃、小石川の造兵司にはフランス軍のルボン大尉が来日し、廃藩置県の結果、諸藩軍が解散し政府に集められた一八万挺以上の外国銃を使えるものと使えないものに分類していた。

一八七五（明治八）年一月、村田は欧州へ旅立った。そこで各国の射撃大会に参加し、いずれでも優秀な成績をあげた。欧州の小銃事情についての情報収集と、参考品の買い付けが任務だった。同時に独・仏・英・スイスなどの各国の小銃射撃訓練も視察できた。

最初の国産小銃「十三年式村田銃」

この頃、各国では小銃の改良が盛んだった。普仏戦争（プロイセン・フランスとの戦争）は一八七〇年から七一年に行なわれ、プロイセン（ドイツ）が圧勝した。両軍ともに後装式のドライゼ銃（プロイセン）とシャスポー銃（フランス）を使って戦った。一八六六年型シャスポー銃の一一ミリの弾薬は、ドライゼ銃の一五・四三ミリ弾よりも小口径なのに射程が長く、密集隊形をとっていたプロイセン軍歩兵に大きな損害を与えた。

わが国は小口径でありながら初速が高く、射程の長い一一ミリ口径の小銃（シャスポー銃）を採用した。当時、勝利したプロイセンを崇拝するあまり、なんでもドイツ式にしたと思われているが、小銃に関していえばそれは誤解である。普仏戦争でのドイツの勝因はクルップ製の野砲の性能と運用にあった。

村田銃の弾薬を小口径としたことで、金属製薬莢の重さを含めても、大口径よりずっと軽くできるため、兵卒はより多くの弾薬を携行できた。鉛の弾に混ぜる錫《すず》の量も減るので省資源にもなった。弾丸の全長は三〇・五ミリ、重量は二七グラムだった。薬莢の全長は五九・八ミリ、重さは一二グラムであり、これに装薬が五・三グラム入った。弾薬の全体は七八ミリ、重量は約四六グラムである（数字は須川薫雄『日本の軍用銃』による）。初速は四一九メートル／秒というものだった。

黒色火薬を銃口からそそぎ、球形の弾丸を突き込んで火縄で点火する時代は三百年続いたが、日本の銃器の進歩はそこで止まっていた。その間、ヨーロッパでは多くの革新が行なわれた。その後れをわずか二〇年ほどで取り戻し、一八八〇年、金属製薬莢を使った椎の実形の弾丸を後ろから込める日本軍初の国産制式小銃「十三年式村田銃」を完成させた。村田経芳をはじめ、多くの先人たちの苦闘、努力には脱帽するしかない。

なお陸軍では正式には村田銃（十三年式）、改正村田銃（十八年式）、村田連発銃（二十二年式）と呼んだ。本書ではわかりやすく「年式」を付けた。

閉鎖機構はフランスのグラア一八七四年型小銃の鎖閂《させん》型式を採り入れ、撃発のバネは多くの外国製小銃のようなコイル・バネではなく、オランダのボーモン（ビューモン）一八七一年型小銃と同じよ

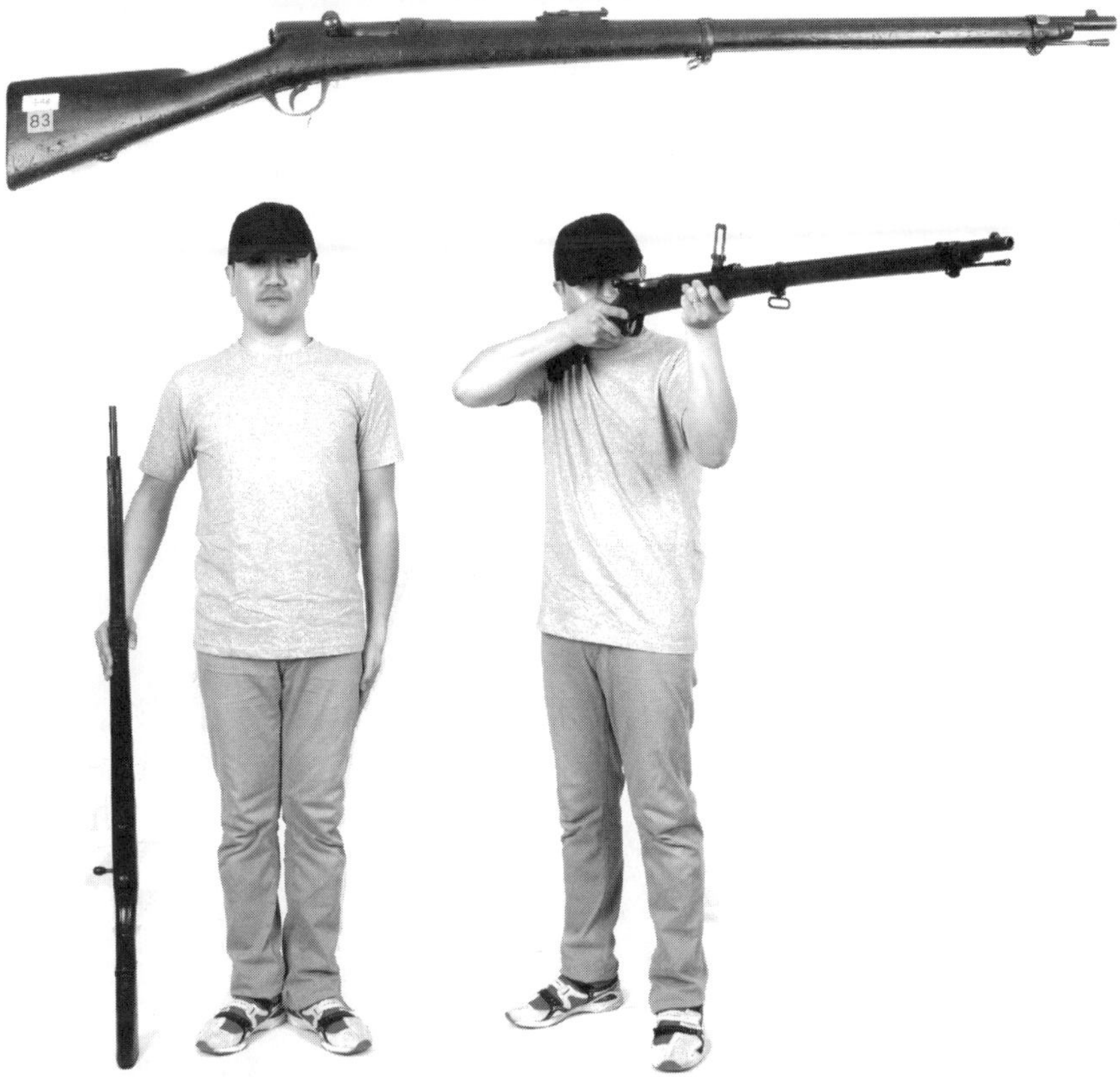

13年式村田銃。参考にしたと思われるフランス製シャスポー銃やグラア銃と比べると、全長はあまり変わらないが軽量。小柄な当時の日本兵に合わせたものだったのだろう。弾薬はグラア銃とほぼ同規格の外国製だった。

うに、火縄銃で長い歴史をもつV字形の松葉バネを採用した。毛抜きの形を想像すればよい。これは列国のように高品質なコイル・バネを安価につくれなかったからである。これをボーモンの模倣とする人もいるが、もともと松葉バネを採用しようとしていたと思われる。

装填の操作はグラア銃と同じく、回転鎖閂式だった。右に倒れている槓桿《こうかん》を立てる。槓桿の中にはV字形の撃針を動かすバネが仕込まれている。槓桿を後ろに引いて、薬室に弾薬を入れる。槓桿を前に押し、右に倒せば、あとは狙いをつけて引鉄を引けばいい。

陸上自衛隊武器学校にある十三年式村田銃の銃身は口径一一ミリの弾を使うため、後世の六・五ミリの弾を使う三八式に比べると、がっしりと太い印象がある。照準については、銃口近くの照星と、後部の照門・照尺を使う。前頁の写真を見ればわかるが、照尺の位置は銃身後部から一五センチも前にある。一〇〇メートルの射程なら照尺を使わず、後部のV型照門で照準する。

十三年式村田銃の全長は一二九〇ミリで重量は三・九キログラムである。フランス製のシャスポー

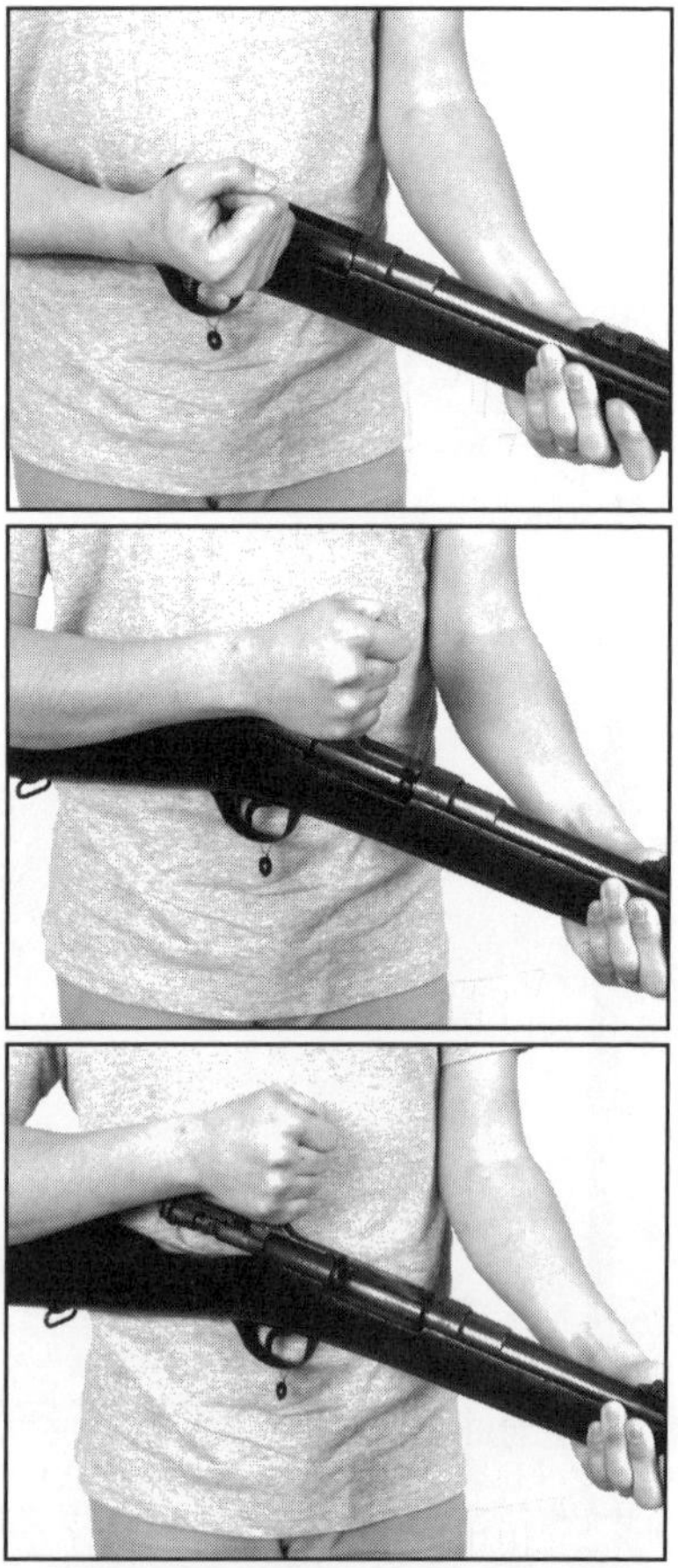

13年式村田銃の操作。槓桿を縦に起こすと後方に引くことができる。薬室が開いて弾薬を装填することになる。射撃後は現在のライフルと異なり、撃ち殻薬莢を弾き飛ばすためのエジェクター（蹴子）がない。エキストラクター（抽筒子）はあるので、引き出された空薬莢は指でつまみ出した。

銃の全長は一三〇〇ミリ、重量は四・〇一キログラム、グラア銃の全長も一三〇〇ミリ、重量は四・二キログラムだから、村田銃はずいぶんと軽量化されている。当時の兵士たちの体格を考慮したものだろう。

十三年式村田銃の銃剣は、シャスポー小銃のそれとよく似ている。シャスポー銃剣は『兵器廠保管参考兵器沿革書』によれば、剣身が先の方で湾曲した「ヤタガン式（トルコ刀型）」の全長七一〇ミリである。ただし、その湾曲はエンフィールド銃剣より小さく見える。前装による装塡に便利なように湾曲させたという説が正しいなら、シャスポー銃も後装式になった以上、改良されるべきだっただろう。ただ、装備品の変革は百万人もの兵力を動かす大陸軍国にとってはなかなか難しいものである。

十三年式銃剣は全長七〇八ミリ、直刀だった。装着は銃身と銃右側の前環の台座を使う。つまり銃身から見て九〇度、横に付けることになる。重量は革製の鞘をのぞくと七九〇グラムだった。すでに陸軍戸山学校ではフランス式銃剣格闘術の研究や教育が行なわれていた。

日本兵に合うよう軽量化された「十八年式村田銃」

徴兵検査での身長の合格基準は、当初五尺一寸、つまり一五四・五センチとしていた。この数字は全国で壮丁《そうてい》（二〇歳の徴兵検査受験者）にあたる者をひそかに調査した結果であるとか、壮兵《そうへい》（旧藩

18年式村田銃。13年式は強度不足だという批判があったが、18年式はグリップ部（右手で握る部位）の補強がされた。また外見からは分かりにくいがボルトストップ（槓桿で作動する円筒の止め方）も強化された。

軍兵からの志願者）の平均からとったなどの諸説あるが、すぐに五尺（一五一・五センチ）に改められた。規準をゆるめることで少しでも合格者を増やそうとしたという。また、四尺九寸（約一四八・五センチ）でも歩兵として採用された。

そういう小柄な兵士たちが、欧州の小銃とほぼ同じ重量、大きさのものを与えられたのである。村田は再度の欧州視察（一八八二年）後に、十三年式の軽量化を考えた。だが、完成された諸元を変更し、重量を軽減するのはたいへんなことだった。最も有効なのは銃身を短くすることだが、銃身長は火薬が十分に燃焼する時間を考えて設計されるから、短くすればそれだけ弾丸の速度は落ちるし、反動も大きくなってしまう。

村田は全長をわずかに一五ミリ短くした「十八年式村田銃」を完成させた。結果、重量は一〇〇グラム軽くなり、銃剣装着用の台座と銃口の距離が変わった。銃剣はかなり短くして全長五八〇ミリ、重量は二四〇グラムも軽量化された。

安全上の配慮から薬室上部にガス抜きの穴が二か所設けられ、ボルトストップを確実にするため、槓桿の前方に付いていたストッパーはレシ

ーバーの左側に変更された。使用弾薬も改良し、銃口初速が速くなった。外観上の区別はつきにくいが、並べると機関部後方のグリップ部分が、やや細く長くなっている。日本人の小さな手に合わせたものかもしれない。

十三年式村田銃は約六万挺、銃身を短くした騎兵銃が約一万挺、改良された十八年式村田銃は八万挺が生産された。

一八八六（明治一九）年には近衛兵と、すべての鎮台の歩兵と工兵に村田銃が配付された。騎兵の標準装備は、十六年式騎銃の配備が間に合わず、幕末以来のスペンサー騎銃であった。砲兵の自衛用や輜重兵には、スタール単発騎銃（アメリカ製のレバー・アクション、口径一四ミリ、全長九六〇ミリ）やマルチニー騎銃（アメリカ製の銃尾開閉型、口径一二・五ミリ、全長九八〇ミリ）などの輸入兵器が支給された。

この村田銃を手にして、わが先人たちは日清戦争（一八九四～九五年）を戦った。相手にした清軍は雑多な小銃を装備していた。各国の輸入小銃があり、なかには最新式のドイツ製マウザー（モーゼル）口径七・九二ミリ連発小銃などもあった。これはすでに無煙火薬を使った小銃で、しかも弾倉に工夫がされて、ボルト・アクション（槓桿式）の連発銃だった。

しかし、どこの戦場でも、村田銃は兵士たちの最良の友となった。故障が少なく、大陸の厳寒期の中でも確実に作動した機関部や胡桃《くるみ》の銃床も狂うことが少なかった。

日清戦争の戦場での記録を見ると、寒さの中での銃器の取り扱いの難しさを訴えるものが多い。まず、野外に置いた銃器の鉄部に、うかつに素手でふれると皮膚がくっついてしまった。厚い手袋をはめて弾盒《だんごう》から弾薬を取り出す。かじかんだ手からは弾薬がぽろぽろこぼれた。一発ずつつまみあげるのにひどく苦労したという。

一八九一（明治二四）年に発布された『歩兵操典』は、それまでのフランス式から脱してドイツの影響を強く受けていた。一個中隊は以前の四個小隊から三個小隊になっていた。二個小隊をたばねる半隊という四列射撃で使う単位がなくなったからである。有効射程が一〇〇〇メートルにも及ぼうという時代に、密集して列を組んでの射撃など無意味になったからだ。

中隊長が地形と戦闘法に応じて自由に指揮するようになった。戦闘の初期と中盤に二個小隊を使い、終盤に残りの一個小隊を戦闘加入させるのが普通になった。また、敵弾の集中を避けるために広く散開することが重要だとされ、兵卒が自分の判断を重視することも認められている。

中隊の戦闘正面は幅一〇〇メートルを超えないようにされた。被害損傷率も考えられていた。戦闘の開始から決戦までに、平均二五から五〇パーセント以上損傷すると設定すると、二〇〇人の中隊は一五〇から一〇〇人に減る。それでも一メートルごとに一銃を配置することができるとした。横に並んだ散兵線での隣との間隔は五〇センチとなる。

突撃も、前線指揮官の判断で「散兵突撃」が推奨されたが、あくまでも小銃火力戦闘が重視された。後続の兵力があってはじめて「吶喊《とっかん》」の号令がかけられた。

興味深い事実が現場指揮官から出されている。散兵線の前進は、「斉一的《せいいってき》」であることを厳しく指導しなくてはならないという。理由は弾薬装塡を言い訳にして兵卒が前進を停滞させるからだ。

また、敵の有効射撃下で歩調をとりつつ前進することは不利だという。まず隣の兵が撃たれて死傷する、その時、士気は大きく下がってしまう。平時でも速歩の歩調訓練は最も難しい。そんなことにこだわっているわけにはいかないというのだ。初めての大規模な対外戦争で当面した多くの事実がここには見られる。

最後に日清戦争(一八九四~九五年)での外国観戦武官の報告内容を見てみよう。

「みきたれば、まことに美麗なる好軍隊なり。服装は端厳なり。武器は精鋭にして地球上あらゆる者と比して慙色《ざんしょく》なしといはる。(中略)その紀律はもっとも厳粛なり」(平壌の戦い)、「清兵は概して日兵の突進しきたるを待つことなく、みな日兵が達する前にいち早くも守備点を去り、最後まで防戦して塁を枕に討死したるものは、最西の一塁を守りたる僅少の兵勇ありしのみ」(旅順要塞戦)、「日本歩兵の勇気もまた一言せざるべからず。清兵を弱しというも、清兵の弱きはもって日兵の勇なるを没すべからず。その整然として崩れず、猛然として撓《たわ》まず、敵火を冒して敵塁に突進するを見る。実に天下の壮観なり」（同前）

ただし、日清戦争の勝利は、射撃戦や、ましてや銃剣を振り回しての白兵戦のおかげではなかった。清国軍の士気を失わせ、次々と敗走させたのは、わが砲兵の攻城砲の猛射、野砲・山砲の撃った空中で破裂する榴霰弾《りゅうさんだん》の威力だった。

近代国民国家と村田銃

軍用小銃を国産技術で統一し、その生産、補給、整備を行なったことには、当時大きな意義があった。村田経芳は自らこの小銃の取り扱い説明書や射撃法の教範を書いた。その用語は銃身や銃床、撃《げき》茎《けい》、発条《はつじょう》などの難しい漢語が満載である。

後世の軍隊体験者の知識人（インテリ）はこれをバカにして次のように語った。「小銃の台尻《だいじり》の端の鉄板といえばいいのに、わざわざ『ショウビハン（床尾板）』といわせ、暗記できないと殴った」。その通りだろう。軍隊用語は、そのほとんどが翻訳語だった。庶民の日常語からはひどくかけ離れた特別の言葉だったのだ。

しかし、当時の先人たちは何とかして西欧に追いつかねばならなかった。ふだんの暮らしの文化を反映する日常語では、言い表せない言葉が多かったのだ。村田銃の分解には最後には、螺子《らし》（ネジのこと）を外すために転螺器《てんらき》（ドライバーのこと）を必要とした。暮らしの中にない道具には、新しい言葉で新しい名称を付けなければならない。螺子も弦巻発条《つるまきはつじょう》（コイル・スプリングのこと）も、庶民の日常生活にはないものだったのだ。

当時の識字率も低かった。一般から集めた兵卒に、操作、分解、結合、拭浄《しょくじょう》（拭き清めること）を教え、その複雑なシステムから始まり、行為の意味も教え、意義を知らせるようにした。それを通じて、近代的な社会人を創ろうともしたのである。

兵営は大きな学校だった。また、初めて小銃の遊底の上に、菊花の皇室御紋章を刻印したのも村田銃からである。これは欧州各国、それぞれの王家の紋章を入れたのと同じだった。

おそらく村田が意図したのは兵器への尊重心だっただろう。幕末・戊辰の役、佐賀の乱でも西南戦争でも、目立ったのは遺棄兵器である。壮兵《そうへい》（士族出身の志願兵）だろうと徴兵《ちょうへい》（義務兵役）だろうと、いざ、潰走する時にはすぐに兵器や装備を捨ててしまった。

それはいわば「小銃はあてがわれた道具」であって、国家の財産という意識が育っていないことを意味した。これがのちになって行き過ぎると、「陛下からお預かりした兵器を死んでも手放すな」という本末転倒な意識の形成に役立ってしまったことは否定できない。しかし、村田の願いはそんなものではなかった。

複雑な小銃の設計

砲弾の弾頭に充填したり手榴弾に使ったりする爆薬と、小銃弾薬の火薬（推進薬）とは、まったく燃焼原理が異なる。TNT（トリニトロトルエン）などの爆薬はその働きを爆轟《ばくごう》（detonation）という。これに対して木炭・硝石・硫黄を混ぜてつくられた黒色火薬はその燃え方は爆燃《ばくねん》（deflagration）といわれる。

二つの違いはそれぞれの爆速《ばくそく》（velocity of explosion）による。爆燃とは文字通り火薬が急激に燃える現象だが、燃焼であるから着火点から順番に火が回っていく。その燃焼速度は銃の薬室などの密閉空間では、毎分およそ二〇〇から三〇〇メートルである。一方、解放空間で燃える導火線などは毎秒一センチメートルくらいでゆっくり燃え進む。爆燃は大量の火薬ガスと高温を発するので銃の発射薬やロケットの推進薬に向いている。

これに対して、爆轟は、爆薬の塊の中を衝撃波が走ることで着火する。だからTNTやダイナマイトは火をつけるだけでは爆発しない。ただ燃えるだけである。これらの爆薬には雷管をつけて、雷管が爆発する衝撃波で点火する必要がある。

衝撃波が爆薬に伝搬すると、爆薬のすべての部分が一瞬にして化学反応を起こし、瞬時にエネルギーが放出される。この際の爆速は秒速数千メートルという音速の何倍ものものになる。だから銃の発射薬に使えば銃を破壊してしまうので主に岩盤や構造物の破壊に使われる。

弾薬の装薬に使われた黒色火薬は、丈夫な密閉容器にあたる銃身の中で点火された。これは火薬が密閉空間でないと爆燃しないからである。後装式になって銃尾の閉鎖機構の開発・強化に工夫が凝らされたのはここに理由がある。金属製薬莢の実用化は、火薬ガスを閉塞《へいそく》することと銃腔内の圧力を高めることに大きく貢献した。紙製薬莢の場合、どうしても後部へのガス漏れをなくせなかった。薄い金属（真鍮）の薬莢は自身も膨張することで、ぴったりと薬室に貼り付き、ガス漏れを防いだのである。

装薬の燃焼速度は粒が大きいほどゆっくり燃えて（緩燃《かんねん》という）、小さいほど速く燃えるようになる（速燃《そくねん》という）。後装式になり、銃身に施条されるようになると、銃腔を弾丸が通り抜ける時の抵抗が大きくなった。弾丸は重く、ライフルにこすりつけられながら進む。その摩擦は大きい。だから、燃焼速度はゆっくりであることが望ましい。

また銃身が長いほど、火薬の燃焼ガスが弾丸を押し出す時間も距離も長くなる。結果、弾速《だんそく》は上がる。速いほど遠くに飛ぶが、同じ速度で発射すると弾丸が重い方が空気の抵抗を押し分けて遠くに届く。弾丸は太くて、短い方が細長いものよりも飛翔距離が長くなる。

しかし、同時に長い銃身は内部の圧力を下げてしまう。弾丸が銃腔内を通る時には大きな摩擦抵抗がかかる。その摩擦に打ち勝って弾丸を加速させるには十分な圧力がなくてはならない。圧力がなくなれば弾丸はそれ以上加速しない。この理屈から小銃の銃身の長さは決定される。これを「学理腔長《がくりこうちょう》」

という。現在でも銃身長は七〇〇～八〇〇ミリが多い。

これらのことからも、小銃の設計、製造がいかに複雑なものか理解できるだろう。十分な弾速が必要なのは、弾丸をなるべく真っすぐ飛ばさねばならないからだ。地球に重力がある以上、重さをもつ弾丸は当然、下に向かって落ちていく。遠くを狙うには銃を上向きにして撃つが、弾は山なりにカーブするから途中ではかなり高いところを飛ぶ。左右の照準が正しくても、上下に外れては何もならない。この高さをなるべく低くするためにも強力な火薬は必要だった。

無煙火薬の誕生

一八四五年頃（四六年という資料もある）、ドイツ人のシェーンバインが硝酸と硫酸を混ぜた混酸で木綿を処理した「綿薬《めんやく》」を合成した。これを装薬にした弾薬を試作し、実験すると、黒色火薬の三倍の貫通力を見せた。なんといっても燃焼圧力が強かった。当時の技術では砲を壊すことさえあり、危険だからと英仏両国では採用しなかった。

さまざまな試行錯誤の末、事故も多かったが、この危険な綿薬を膠《にかわ》や脂肪、ワックスなどの爆発しない物質で固めることに成功した。ドイツでは一八六五年、オーストリアでは一八七一年のことである。

フランスのポール・ヴィエイユは一八八四（明治一七）年に溶剤にエーテルとアルコールで綿薬を

膠化《こうか》することに成功した。この綿薬は窒素量一三・二〜一三・四パーセントの強綿薬と、同じく一一・三〜一二・六パーセントの弱綿薬を混ぜたものである。この強綿薬はエーテル・アルコールに溶けず、弱綿薬はよく溶けた。強弱をそれぞれ七：三で混ぜると一部が溶けないので膠化成型性《こうかせいけいせい》が高まった。これを圧縮ロールの中を通して高密度で均質な薄板状に伸ばす。四角に切断して乾燥させ溶剤を蒸発させると餅《もち》のようになった。綿薬だけを主剤としているので、これをシングル・ベース火薬ともいう（一八八六年にフランス陸軍はこれを採用した）。

わが国では、同年に欧州視察に出かけた陸軍卿大山巌《おおやまいわお》は、フランス軍からこの火薬を提供された。初めて見て、白い粉末であることに驚いたという。帰国すると、これをすぐに分析に回した。「弱性の綿火薬を適量配合して、エーテルとアルコールの混合溶剤で膠化したもの」であることを確認した。そうして一八八八（明治二一）年には少量の試作に成功した。

わが国で本格的に無煙火薬の製造が始まるのは一八九三（明治二六）年、ドイツから火薬用綿薬と無煙火薬製造装置一式が到着してからになる。翌年四月から陸軍板橋火薬製造所（現東京都北区十条駐屯地）は稼働することになった。

小口径連発小銃の採用

無煙火薬を装薬に使うことで小銃開発者たちに明るい未来が生まれた。弾道をできるだけ低伸《ていしん》させるには弾丸速度を上げるしかない。それには口径を小さくするか、装薬量を増やすしかなかった。だが、口径を小さくすれば打撃力は減少する。遠距離では横風の影響が大きくなる。

では火薬を増やせばどうかというと、機関部や銃全体を頑丈につくることが必要になり、そうなると歩兵が携行する小火器としての重量制限が問題になる。さらに発射反動の大きさも問題になってくる。

それらの課題を解決してくれたのが強力な無煙火薬だった。少量でも大きな弾速が得られる。口径を小さくすれば銃は軽量化できる。肩への反動を少なくして弾丸の低伸性が向上する。フランスはただちに一八八六（明治一九）年に八ミリ口径のレベル小銃を採用した。それ以前の制式銃であるシャスポーからすると三ミリも弾径を減らすことができた。世界でも初めての軍用小口径連発小銃だった。この銃の登場で世界中の軍用小銃はすべて時代遅れになってしまったといっていい。

この小銃はさらに八連発という特徴をもっていた。銃身の下に管弾倉（チューブ・マガジン）といわれる仕組みがあった。一八九三年に一部が改良されるが、銃身長は八〇〇ミリ、重量が四・二八キログラム、弾丸は鉛の弾頭を薄い金属で覆った被甲弾《ひこうだん》だった。槓桿《こうかん》（ボルト・ハンドル）を引くことで、撃ち殻薬莢は排出され、次弾が薬室に送り込まれるという意味の連発である。

これに隣国のドイツはすぐに反応した。一八八八（明治二一）年には口径七・九二ミリ、五連発のマウザー（わが国では明治以来モーゼルと読まれている）Ｇｅｗ88を制式化した。この小銃は五連発で、尾筒《びとう》（遊底直下）内の固定弾倉に五発を装塡することができた。薬莢は射撃後に薬室から引き出しやすいようにリム（縁）がついている。このリムをまとめるように挿弾子《そうだんし》といわれる薄い金属製のクリップがあり、五発を縦に並べていた。

この時、日本陸軍はやはり無煙火薬を使った小口径連発銃の採用を決めた。全軍の小銃を十八年式村田銃に更新することが、まだ終わってもいない頃である。

一八八八（明治二一）年一月、審査委員が選ばれ、年内には三次試験まで実施された。前例にない急ぎ方である。それは清帝国の軍備拡張を警戒してのことだった。清帝国はドイツ商社から、次々と新装備を買い込んでいた。北洋海軍の増強、当時最大最強だった戦艦、鎮遠・定遠をはじめとして、陸軍もクルップ社製の火砲、小火器も手に入れていたのである。

短期間で開発された「二十二年式村田連発銃」

村田経芳が設計した前床管弾倉の八ミリ連発小銃を「二十二年式村田連発銃」という（前述したように制式名に二十二年式はつかないが便宜上「二十二年式村田連発銃」と呼称する）。オーストリアのステアー社製のクロパチェック一八八六年型小銃（口径一一ミリ）と、ポルトガル軍が採用した口径八ミリのバージョンが参考とされた。モデルとなった小銃の全長は一三二〇ミリだった。二十二年式村田連発銃の要目は次の通りである。

全長一二一五ミリ、銃身長七四六ミリ、重量四・一〇キログラム。槓桿で操作するが、撃発には十

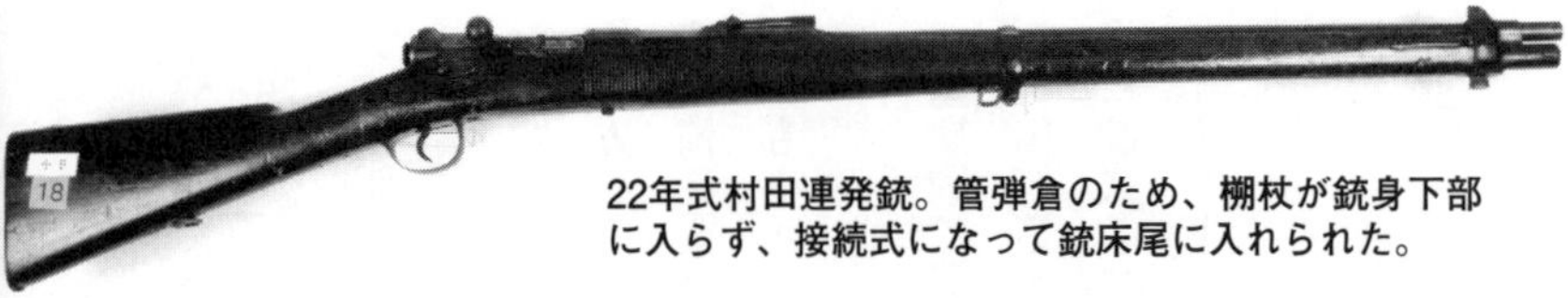

22年式村田連発銃。管弾倉のため、槊杖が銃身下部に入らず、接続式になって銃床尾に入れられた。

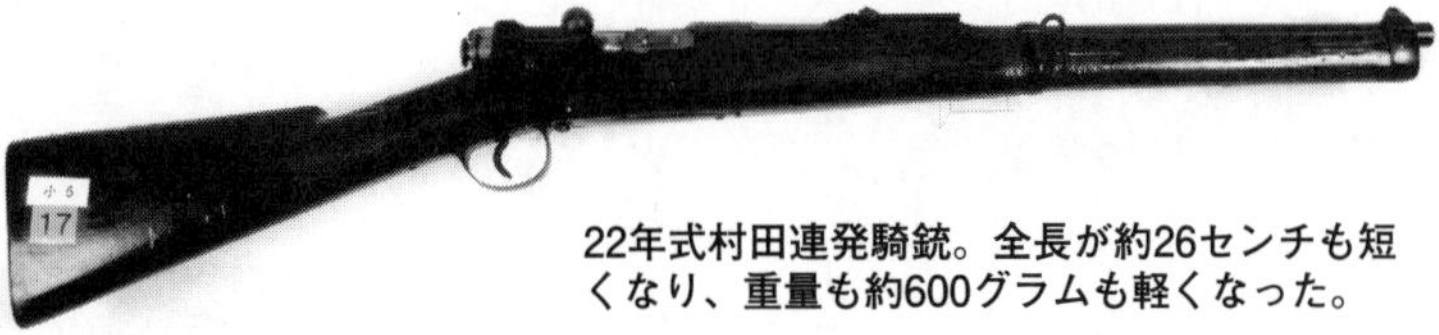

22年式村田連発騎銃。全長が約26センチも短くなり、重量も約600グラムも軽くなった。

三年式や十八年式村田銃の松葉型バネではなく、コイル・スプリングを採用している。特徴的な管弾倉（チューブマガジン）で、管の素材は真鍮である。銃口まで続いているので、まるで銃身が二本あるように見える。

　尾筒の右下にある小さな搬筒匙《はんとうひ》支軸転把《しじくてんぱ》は、単・連発の切り換えレバーである。垂直にすると、チューブマガジンは機能しなくなり、単発のライフルとなる。槓桿を引いて薬室を開けて搬筒匙に実包を載せ、槓桿を押し込んで薬室に送り込む。搬筒匙支軸転把を水平にすれば、チューブマガジンにある八発の実包は槓桿の操作で連発することができた。

　弾丸は全体に丸いラウンド・ノーズ（蛋形《たんけい》）で、先端は平らになっている。これはチューブ弾倉に装填した時に前方の弾薬の雷管を突かないための安全対策だ。錫を混ぜた鉛の上に被甲という銅がかぶされている。これは無煙装薬を使用することで初速が六〇〇メートル／秒にもなると、ライフリングによる弾丸の回転も一五万回転／分にもなるので、遠心力で弾丸が自壊するのを防ぐためである。この弾薬は全長が七四・五ミリ、重量三〇・七グラム、薬莢長は五二・五ミリ、弾丸の長さは三〇ミリ、重量は一五・六グラム、装薬量は二・二グラムだった。十三年式や十八年式村田銃の一一ミリ弾と比べると、全重量も四六グラムから三〇・七グラムに軽量

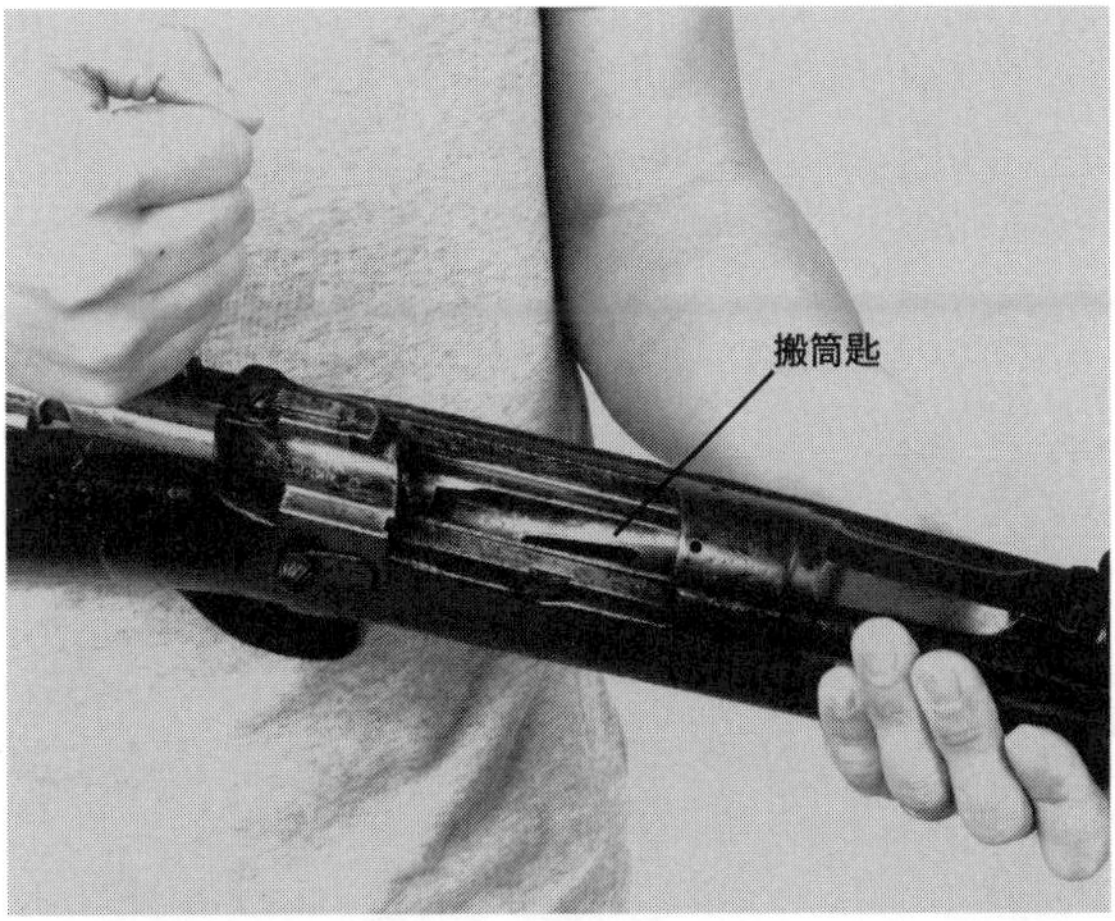

22年式村田銃。槓桿を引き遊底部分を開くと板状の搬筒匙が見える。

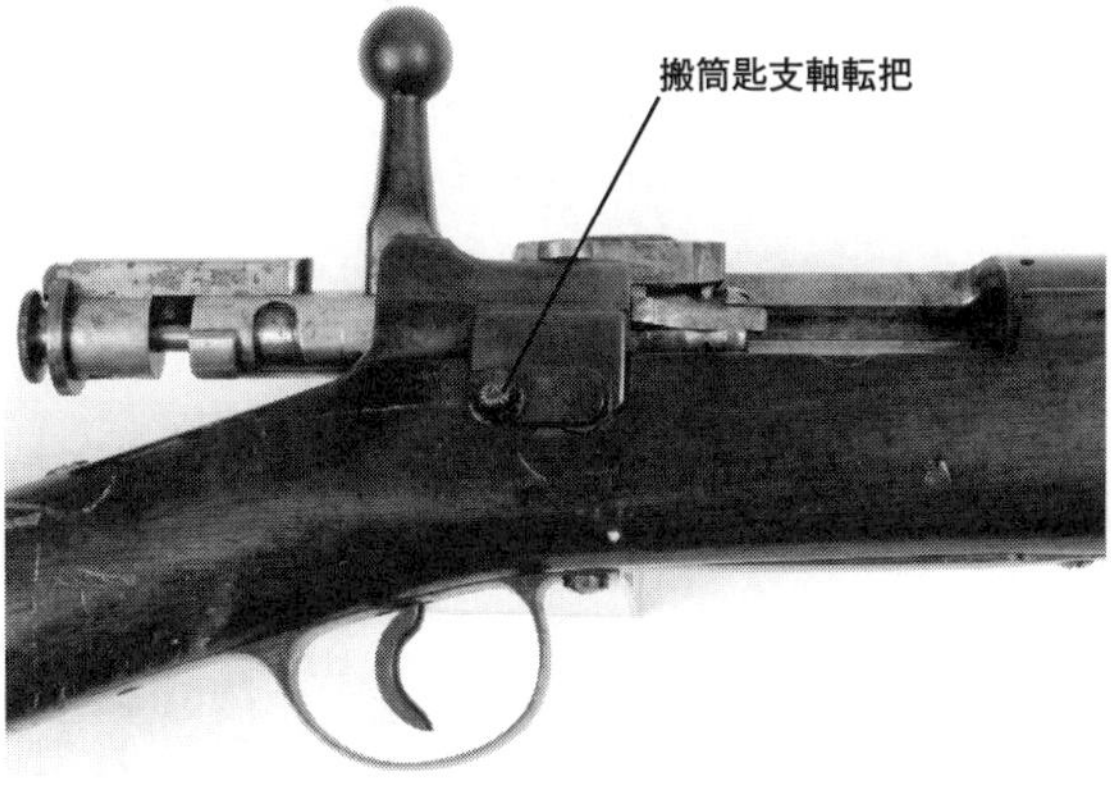

22年式村田銃。尾筒の下に見える「搬筒匙支軸転把」を操作して、連・単発を切り換えた。現状は水平になっているので連発モードである。この状態で管弾倉に実包を込めていく。弾倉にスプリングが内蔵されているので、後になるほど力が必要となる。

化した。弾丸重量も二七グラムから一五・六グラムと半分近い減量になった。装薬量も五・三グラムから二・二グラムだからやはり半分以下になった。このことは歩兵の携行する弾数を増やすことにつながった。

銃剣も小型化され、前期型で全長三五四ミリ、剣身長二七八ミリ、柄長六七ミリ、重量四三〇グラムだった。これはのちの太平洋戦争で使われた三〇年式銃剣と比べると、全長五二五ミリに対して約六七パーセント、剣身長でも約七〇パーセント、重量でも約六二パーセントと、約三分の二の大きさになる。装着法はそれまでの銃身の右横ではなく、鐔《つば》の環状の穴を銃身に通し、銃の下部にある銃剣止めという凸型の部品に剣柄の上部にある溝をはめ込む。この方式は世界標準であり、現用の軍用小銃も変わらない。

村田連発銃の複雑な装塡システム

二十二年式村田連発銃は、部品の精度と素材の質の悪さが泣き所だった。村田が採用した精緻ともいえる連発システムは、その後の整備レベルの低さもあり、不当に批判された。

軍用銃の大量生産は一九世紀の初め、ドイツのような伝統的なマイスター（親方職人）のいなかったアメリカ合衆国で始まった。それはひと言でいえば、削り出し加工（ミーリング）による「互換性のある部品（インターチェンジャブル・パーツ）」の製造である。同じ設計図や仕様書でつくられた

照尺を立てている状態の22年式村田連発騎銃。約1万挺が生産され、日露戦争では後備兵に渡された。馬上の取り回しの便を考えて全長が短いため、銃身下部の管弾倉には5発が入った。機関部は歩兵銃と変わらず、単発・連発の切り替え機構も同じである。

部品なら、どれを選ぼうと同じ性能、機能を発揮するということだ。そこではフライス盤やタレット旋盤といった工作機械の性能が問題になる。

明治期、いや昭和の戦前期、あるいは昭和三〇年代まで、わが国の工業技術基盤はたいへん劣っていた。そのことは先人たちも十分に理解していた。一九三二（昭和七）年の陸軍省が一般向けに発行していたパンフレットに「ある町で買った時計が、隣町で修理ができない。メーカーから取り寄せた部品が合わないという国が、先進国と対等に戦えるわけがない」（『帝國及列國の陸軍』陸軍省、一九三二年）と書かれている。

村田連発銃の複雑な連発システムは、日露戦争の戦場でそれを配られた後備兵たちの間でたちまち悪評をこうむった。当然のことだが前線では手入れは雑になり、槓桿は乱暴に操作される。長い間銃器から離れた召集兵たちはマニュアルを守らなかった。たちまち装填機構が故障した。次の弾薬がひっかかり、薬室で動かなくなってしまった。また弾倉内の八発を撃ちつくすと、再装填にはたいへん時間がかかったという。弾倉内のコイル・スプリングの質が悪く、長い間八発を詰めておくと反発力が弱まったという記録もある。

しかし、八発の弾丸をすべて射ちつくすような事態は起きたのだろうか？　軍事評論家の兵頭二十八氏も指摘しているように、この連発銃はツマミの切り替えで単発にできた。搬筒匙軸転把を縦にすれば、管弾倉からの給弾を止めることもできる。槓桿を引いて一発ずつ装填することで、十八年式小銃と同じ発射速度を維持できた。さらに何発か撃ったら、その数だけ再装填することもできた。

実戦で使われたのは日清戦争後の台湾領収戦争（一八九五年）である。大陸の戦闘に参加しなかった近衛師団と第四師団がこの連発銃で戦ったし、ここでの記録にはほとんど連発銃に関するトラブルは報告されていない。また、一九世紀最後の大きな武力紛争だった一九〇〇（明治三三）年の北清事変でも派遣軍が携行したが、故障がそれほど話題になっていない。悪評の元となったのは、古くなった銃を渡された後備兵たちの大正時代の思い出話だったのである。

時代の限界、制限の中で懸命の努力がされた証人がこの二十二年式村田連発銃だった。

有坂「三十年式歩兵銃」

日露戦争を戦い抜いた「三十年式歩兵銃」

村田連発銃に代わる「三十年式歩兵銃」は六・五ミリという小口径弾薬を使った五連発銃だった。『明治工業史』の記述によれば「日清戦争で村田連発銃に不備の点が多くあった」とある。だから明治二二年に制式化された村田連発銃は、わずか八年しか制式銃の地位がたもてなかった。実際、命中精度に難があったという記録もある。『偕行社記事』の中に、二十二年式村田連発銃と十八年式村田銃を比較した一般部隊での射撃成績があり、確かに十八年式の方が成績がよかった。

とはいえ村田連発銃は日露戦争でも動員された後備諸部隊で使われていた。また、口径八ミリの弾薬はマキシム機関銃の弾薬としても生産、補給が続けられた。

東京砲兵工廠での新しい口径六・五ミリ歩兵銃の設計者は、有坂成章（一八五二〜一九一五年）砲兵大佐だった。有坂は長州藩の支藩岩国の出身であり、一八七四（明治七）年、陸軍兵学寮に文官として出仕、一八八二（明治一五）年に砲兵大尉に任用された。

新小銃の要目は次の通りである。

全長一二七五ミリ、銃身長七九五ミリ、重量三・八五キログラム、最大幅は四八・五ミリだった。

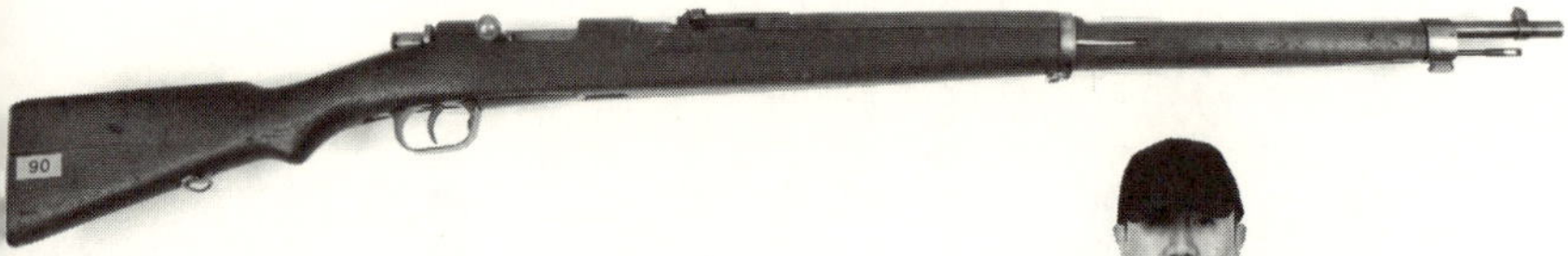

30年式歩兵銃。のちの38式歩兵銃と比べると、日本軍小銃の特徴となる遊底覆（ゆうていおおい）が装着されていない。槓桿の頭部は丸形で、ナス形の38式歩兵銃と識別できる。30年式歩兵銃は輸出されたり、学校の軍事教練などにも使われた。

村田連発銃に比べると全長で六〇ミリ、銃身長も四九ミリ長くなった。ただし重量が約五〇グラム軽くなっている。

基本機構は諸外国の小銃に多くをならった。閉鎖機構はドイツのマウザーによってほとんど完成され実現化していたターン・ボルト・アクション（回転鎖閂式）である。撃針《げきしん》（陸軍では撃茎《げきけい》といった）を内蔵した円筒形の遊底《ゆうてい》にはいくつかの突起が出ている。それをロッキング・ラグという。それらが銃の内部のロッキング・リセスというくぼみにかみ合って、がっちりと薬室をふさぎ、ガス漏れを防ぐのだ。遊底には槓桿《こうかん》

（ボルト・ハンドル）がついていて、垂直に立てればロックが外れ、前後に動かすことができた。ただし、参考にしたマウザーGew88小銃では、撃針がロック（後退制止）されるのは槓桿を水平から垂直に引き起こした時である。これに対して、三十年式歩兵銃は槓桿を垂直に立てて後ろに引き、前に実包を押し込み右に倒した時に撃針がロックされた。前に押し込むより、引く方が力を入れやすい。そうした不利があってもこのようにしたのはバネ製造にノウハウがなかった日本では、撃茎発条（ファイアリングピンスプリング）に負担をかけたくなかったからだろう。この基本システムはその後の陸軍小銃に継承された。

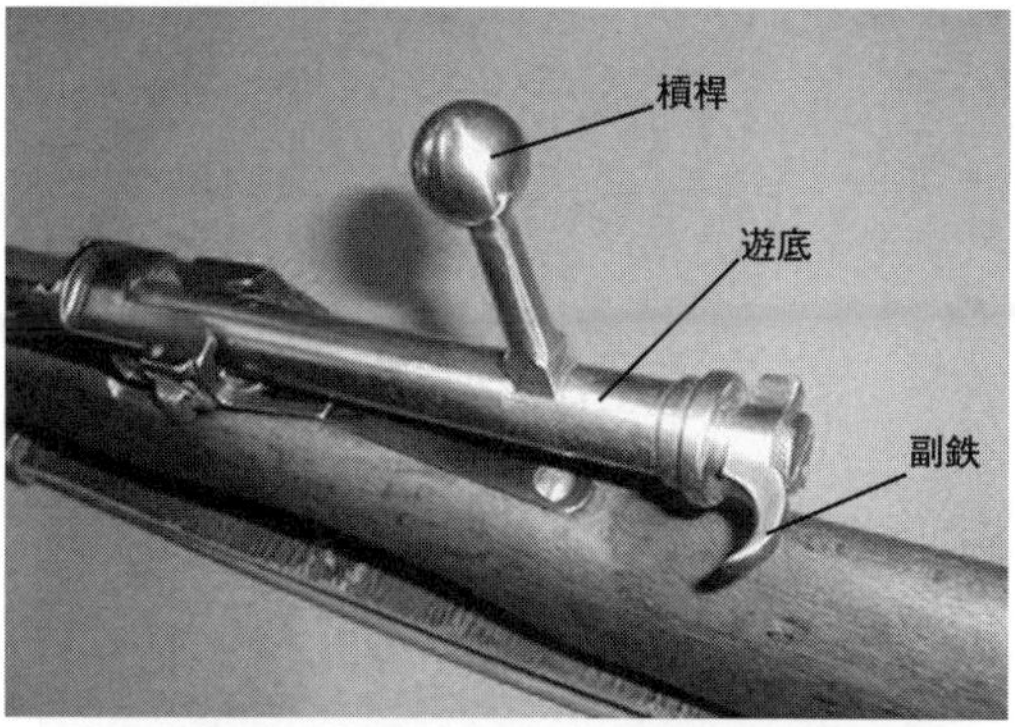

30年式歩兵銃。写真で見るように遊底の後端に副鉄が見える。副鉄を右に垂直に回すと安全状態になる。その状態では照門を覗くことができず、射撃ができなくなる。これなら戦場で慌てていても、間違いが少なかっただろう。

　安全装置は遊底の最後部に「副鉄」という部品がフックになっている。薬室に弾薬が入り、撃発状態になると一四ミリ後部に突き出す。それを右に九〇度回すと安全状態になる。フックが垂直に立つので照門をのぞくことができなくなる。

　騎銃とはカービンのことをいう。乗馬兵が鞍の上で取り回しやすいように歩兵銃の全長を切り詰めたものである。機関部は改造できないので銃身だけを短くした。三十年式騎銃は歩兵銃より銃身が三一〇ミリ短く、重さも七〇〇グラムも軽かった。

背中で斜めに背負うことから、負革《おいかわ》（スリング）も銃尾の左側に留め金がついていた。全長は九六五ミリ、銃身長は四八〇ミリ、重量は三・二キログラムでしかない。行軍に苦しんだ時、歩兵と工兵たちは騎銃をうらやましがった。なお、初期の生産型では着剣するための台座がなく、後期になるとそれが設けられた。

三十年式は「不殺銃《ふさつじゅう》」という批判

三十年式歩兵銃の六・五ミリ実包（弾薬）は、全長七六・六ミリ、重量二一・五グラム、薬莢の長さは五〇・七ミリである。弾丸の長さは三二・二ミリ、重さが一〇・四グラム、これを飛ばす装薬（無煙火薬）は二・一一グラムで、銃口初速七五〇メートル／秒だった。弾丸にかぶせた被甲は銅八〇パーセントとニッケル二〇パーセントの合金である。薬莢は銅六五パーセントと亜鉛三五パーセントの真鍮だった。

八ミリから六・五ミリへの転換は省資源という観点からも重要だった。八ミリ実包は弾重が一五・六グラム。六・五ミリのそれは一〇・四グラムである。およそ三割減った。薬莢も含めた重量は三〇・七グラムから二一・五グラムと同じく三〇パーセントの減量となった。銅はほぼ国産でまかなったが、金属材料の多くを輸入に頼らざるを得なかった明治日本にとって、一つの会戦で数千万発を消費する小銃弾、機関銃弾の原材料を三割も節約できるメリットは大きかった。

小銃弾は五発ずつクリップ（挿弾子《そうだんし》）でまとめられ、三個一五発が一組となって紙箱に入れられた。紙箱から出された実包は弾薬盒に収めた。弾薬盒は二種類である。各三〇発を入れた前盒《ぜんごう》二個は腰の前に、六〇発を収めた後盒《こうごう》一個は腰の後ろに着けた。前盒も後盒も頑丈な牛革製で箱型になっている。

弾薬を軽量にしたことで、兵の携行弾薬量を増やすことができた。日清戦争では、歩兵の携行したのは各兵七〇発で、歩兵大隊小行李に一銃あたり三〇発、弾薬大隊縦列に同じく一〇〇発の合計二〇〇発だった（弾薬大隊は砲兵聯隊に属するが、当時は師団内の小銃弾すべてを保管し、輸送・配付にあたっていた）。

これに比べて、日露戦争では、各兵は一二〇発を前後の弾盒に入れ、背嚢の中に三〇発を格納し、小行李に一銃あたり六〇発、弾薬大隊に同九〇発を保管し合計三〇〇発と増えた。さらに師団野戦兵器廠には一銃あたり一五〇発、軍の弾薬廠にも同三〇〇発、合計四五〇発を予備として備蓄していた（『偕行社記事』三七七号）。対してロシア軍も各兵が一二〇発を持つのは日本兵と同様であり、後方機関に合わせて三四六発、合計で四六六発を用意していた。（『偕行社記事』四七五号）

この小口径銃弾の制定については論議があった。列国の八ミリ前後の弾薬に比べて威力が小さいのではないか、敵を倒すことはできてもその命を奪えないのではないか、軽度な負傷ですんで、すぐに戦線に復帰してくるのではないかなどの危惧が語られた。これに反論したのは、戦場で、後方で戦傷者の治療にあたる陸軍衛生部の軍医たちだった。以下は『彰古館――知られざる軍陣医学の軌跡』にまとめられたものによる。

当時、軍の上層部には「無益な殺生は必要ない。要するに戦闘力を奪えばいいのだ」という気分があった。実際、殺してしまうより、負傷者が出た方が、それを運び、治療し、看護し、面倒をみるといった負担ははるかに大きいのである。一人が倒れれば、後送するだけで担架に最低二人、装具を持つ者や交替要員まで数えると、四～五人が前線から退がることになった。つまり敵の戦力削減ということでは「殺さずに負傷させる」ことが重要だったと主張された。

この主張をさらに強化したのは日清戦争当時、第五旅団第二野戦病院付だった芳賀一等軍医だった。芳賀軍医は論文『小口径弾薬について』を著し、小口径弾を「人道的な弾」と主張した。弾丸が高初速のために貫通銃創が多い、治療後も経過が良好だというのだ。

確かに大口径弾に比べると、「不殺弾」という批判は仕方がなかった。日露戦争から一〇年後の第一次世界大戦では、参戦列国は多くが八ミリに近い実包を使った。そうして、その三〇年後には殺傷力への不満と、弾道性についての不足が指摘され、七・七ミリの九九式小銃が開発されることになった。

欠かせない小銃の手入れ

陸軍兵士は近くに寄ると、「汗と皮革と馬グソ」の臭いがするといわれた。これに加えて兵器手入れ用の油の匂いもあっただろう。三十年式歩兵銃の日常的な手入れにはさまざまな道具が必要だった。後盒の右側には金属製の容量六〇グラムの油缶、左側には「転螺器（ドライバー）」が付けられていた。このほかに遊底分解器、補助分解器、薬室検査鏡などと各種ブラシがあった。豚毛でできた、先の方が少し細い丸ブラシ（腔中手入用洗頭《こうちゅうていれようせんとう》）、馬尾毛《ばびもう》でつくられた腔中塗油用洗頭、同じく馬尾毛製の薬室塗油用刷毛、外部塗油用刷毛である。

陸軍が配付した『兵器保存要領』によれば、油とは鑛油《こうゆ》と油脂《ゆし》とそれらの混合油をいうものだった。「常用品の鉄部の防銹用、銃、砲の機関部、腔中、滑走部等の防擦用など」には鉱油であるスピンドル油を使った。またワセリンも粘度を調整するためにパラフィンも混ぜて使うことがあった。

厳重に注意されていたのが射撃後の手入れである。「腔圧が高く、腔内に強摩《きょうま》する弾丸は瓦斯（ガス）を腔内に堅く押しつける」ため、付着した汚れを取り除くことが必要だった。それを除くためには「腔中油」が支給された。この油は配合の重量比が決められ、スピンドル油七〇、オレイン酸九、カリ石鹸二一というものだった。

オレイン酸は火薬の燃え滓（火薬燼渣《かやくじんさ》）の溶解力が高く、腔内に付着した銅や鉛に作用して塩類にして除去を容易にするという。カリ石鹸はアルカリ性で火薬ガスによって生まれた水蒸気を加水分解し腔内のアルカリ性を高めるものだった。これらを怠れば、すぐに銃は錆びて、機関部は滑らかに動かなくなり、弾丸は照準通りに飛ばなくなった。

兵卒は銃の手入れ用具や交換部品も支給された。部品は「携帯予備品嚢《のう》」にまとめられ交付されていた。その部品の名称と働きを見よう。撃茎《げきけい》(実包の雷管に激突して装薬を発火させる先端が尖った太い針)、撃茎発条(コイル・スプリング、引鉄を引くと弾性が解除され撃茎を突き出す。疲労による折損が多かった)、撃茎駐螺《ちゅうら》(引鉄に加えられた力を撃茎に連接する)、同発条(引鉄を引いた後に復元する)、蹴子《しゅうし》(撃ち殻薬莢をはね出す)、抽筒子《ちゅうとうし》(撃ち殻薬莢を薬室から抜き出す)、弾倉発条(弾倉から実包を上部に送る)という多様なものだった。しかも、そのそれぞれには同じ製造番号が刻まれていた。各部品の微妙なすり合せは、工場で生産された時に、熟練した職工が一つひとつ「やすり」で仕上げていたからである。

銃剣と着剣時の全長

大東亜戦争の末期まで「牛蒡剣《ごぼうけん》」と愛称された銃剣の制式名称は「三十年式銃剣」という。片刃の刀剣型であり、のちに英国陸軍が一九〇七(明治四〇)年に制定したリー・エンフィールド用銃剣にも影響を与えたとされる。(『武器の歴史大図鑑』)

柄《つか》と剣身を合わせた全長は五二五ミリ、剣身長は四〇〇ミリで、溝が彫られ、先端から一九〇ミリまで刃が付いている。重さは六八〇グラムとなかなか重い。鞘《さや》は薄い鉄製で、野外での訓練中や野戦では曲がってしまったという声もある。鞘から剣身が勝手に抜けないようにするために固定具が鞘の中に付いている。

剣を銃に付けるには、鐔《つば》の上部（龍頭《りゅうとう》という）の環を銃口に通し、柄の上の溝へ銃剣止に止鉄体《してつたい》が固定するまで差し込む。外す時には、柄の左側後部にあるボタンを押して、前の方に引っ張れば抜ける。かなり堅牢な構造で、確実に固定できる。なお銃口からちょうど四〇〇ミリが突き出た。

着剣すると全長は一六七〇ミリ、一九七〇（昭和四五）年の一七歳男子の平均身長である。一九〇二（明治三五）年の平均は一五八センチだから、日露戦争当時の現役兵の平均は一六〇センチぐらいだろう。大きい人は砲兵や騎兵、工兵になった。普通の兵の場合、立て銃《つつ》をすれば帽子をかぶった状態とほぼ同じである。

対してロシア帝国の制式銃はどうか。一八

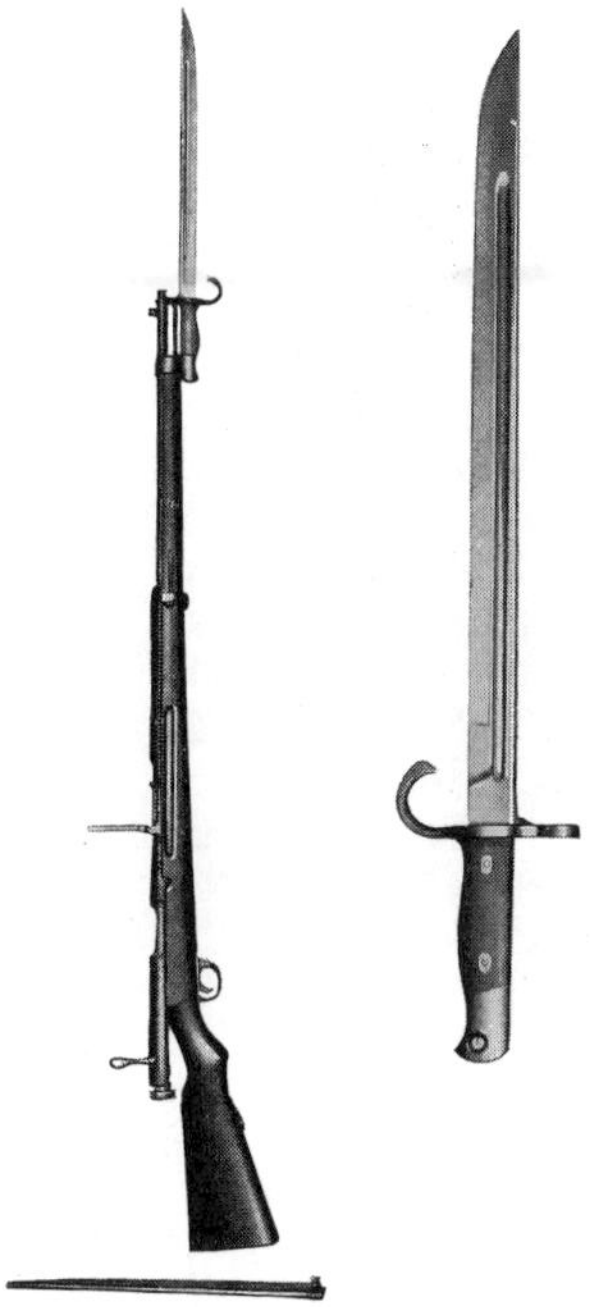

「牛蒡剣（ゴボウ剣）」と親しまれた30年式銃剣。執銃しない兵士たちもこれだけは腰に着け、短剣術などを学び、格闘に使おうとした。

九一（明治二四）年に制定された口径七・六二ミリ（三ラインという一ラインは二・五四ミリ）、モシン・ナガン連発銃だった。口径は〇・三〇インチにあたる。この口径はすぐイギリス、アメリカが採用した。陸上自衛隊板妻駐屯地（静岡県御殿場市）にはこのナガン小銃が保存されている。

その銃身長は八〇二ミリ、銃全長は一二九〇ミリで三〇年式より一五ミリ長い。すごいのは銃の先にねじ留めされる銃剣（刺突用のスパイク、槍といったほうがいい）をふくめた長さである。なんと一七三〇ミリもあった。しかも白兵主義のロシア軍らしく、照星にネジ留めするので簡単には外すことができなかった。ロシア兵はこの小銃で突撃を敢行してきたのだ。

白兵戦のために長くしたという嘘

陸軍が白兵重視を打ち出したのは日露戦争後の一九〇九（明治四二）年の『歩兵操典』の改正からである。それまではずっと「火兵《かへい》」中心の考え方だった。一八九一（明治二四）年の操典には「歩兵戦闘ハ火力ヲ以テ決戦スルヲ常トス」とされていた。この頃には、歩兵は密集するのではなく、横に散開して（散兵線という）それぞれが射撃するのが当たり前だった。小銃の命中率が飛躍的に上がり、有効射程も肉眼で狙える限界の四〇〇メートルほどまで伸びていたからである。

日清戦争はこの操典にしたがって村田（単発）銃で戦った。もちろん「突撃」も行なわれた。ただ、多くはすでに抵抗の意思を失い、敗走する敵兵を追うものだった。もしくは陣地で動けなくなった敵兵を捕獲するための行為に過ぎなかった。野戦では、わが砲兵の榴霰弾によって多くの損害を出した清国兵はすでに戦意を失っていた。陣地戦、市街戦でも敵は銃撃戦で死傷者を出すと、すぐに動揺し陣地から逃げ出した。銃剣突撃はあくまでも勝利の確認のための行為だった。

白兵とは刃のついた武器のすべてをいう。機能的には、「刃兵《じんへい》」とは斬撃《ざんげき》を行ない、「鋒兵《ほうへい》」とは刺《し》突《とつ》をするもの、「刃鋒兵」とはその両者を備える。刃兵は刀剣、鋒兵とは鉾《ほこ》（矛）や槍《やり》（鑓）をい い、刃鋒兵は西洋のハルベルト（矛槍）などの例がある。

ただ歴史研究家の鈴木眞哉《まさや》氏の指摘によれば、白兵は明治になってからの翻訳語であった（『謎とき日本合戦史』）。フランス語では「arme blanche（アルム ブランシェ）」、ドイツ語には「Blankwaffen（ブランクヴァッフェン）」、英語では「cold steel（コールド スティール）」というが、そのどれかの和訳だったに違いない。一八八一（明治一四）年の参謀本部発行の文書にはフランス語からの対照として載っている。おそらくこの頃に採用された用語だろう。

この白兵に対する言葉が火兵であり、火薬を使う武器の総称である。だから火兵重視といい、火力優先というのも、銃や火砲などが戦闘の主役であるという考え方だった。もちろん陸軍である以上、接近戦では白兵を使って斬撃、刺突を行なうことを軽視するわけではない。それなりの訓練もするし、いわゆる銃剣術や格闘という用語もあった。日露戦争でもロシア兵の銃剣突撃を受けて、わが歩兵が立ち向かうという場面もあったことは確かである。

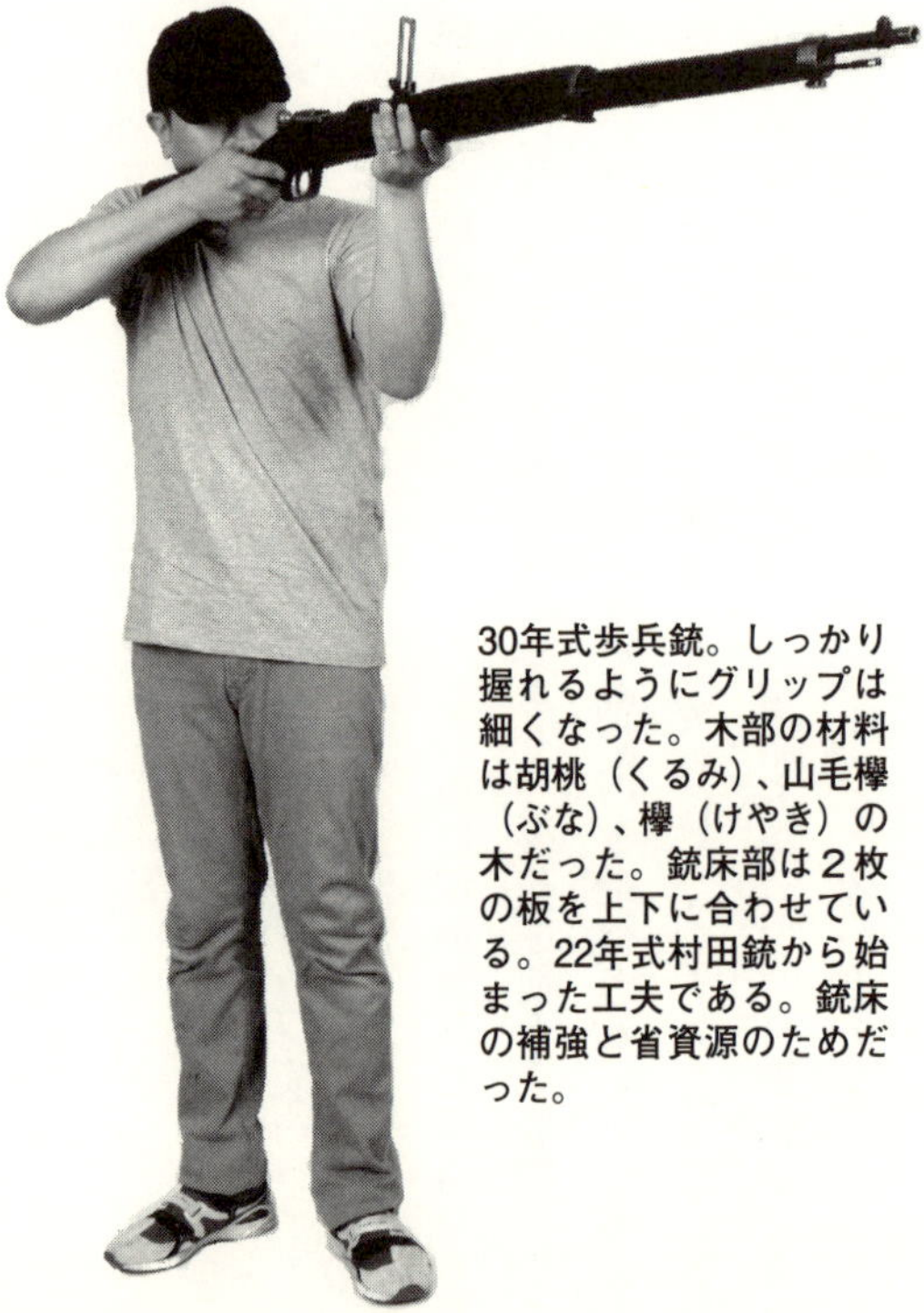

30年式歩兵銃。しっかり握れるようにグリップは細くなった。木部の材料は胡桃（くるみ）、山毛欅（ぶな）、欅（けやき）の木だった。銃床部は２枚の板を上下に合わせている。22年式村田銃から始まった工夫である。銃床の補強と省資源のためだった。

ところが、『偕行社記事』を読んでみると、「日本兵はロシア兵の銃剣突撃を受けると、なすすべもなく潰走した」という外国観戦武官の報告が見られる。また日本陸軍の記録の中にも「塹壕の中ですくんでいるところをロシア兵に上から銃剣で刺された」とか、「格闘をしようとしても大柄なロシア兵に押しまくられ、倒されて刺された」という体験談が多い。日本兵は体格的に劣り、小銃の長さも重さも勝るロシア兵に押しまくられた。小銃の長さでいえば六〇ミリも短い。そうした不利はすでに設計段階でわかっていたことである。

「あの長さは銃剣格闘で有利になるように決められた。あの精神主義が間違っていたのだ」という大東亜戦争後の「恨み節」はどこからきたものだろうか。三十年式歩兵銃に限らず、いまも昔も小銃の長さや重さは、使用する弾薬の性能、その発射反動に兵は耐えられるかどうか、兵が行動する際の重量制限などを十分に考えて決定される。

三十年式歩兵銃は尾筒《びとう》後部の銃把を見ると、しっかり握って照準するためにセミ・ピストルグリップ型になっている。これに対してそれまでの村田銃のように用心鉄から床尾までほぼ真っすぐなのがストレートグリップ型である。現在でも、上向きに撃つことが多い鳥類狩猟用の散弾銃などにはこのストレートグリップ型が見られる。ロシアのナガン小銃はこのストレートグリップのままだった。ドイツのマウザー88年型やフランスのレベル93年型なども、この水平射撃の安定感にやや不足があるストレートグリップである。

三十年式歩兵銃（西洋流にいえば97年型）はマウザー98年型、オーストリアのマンリッヒャー95年型と同じように、しっかり右手で握りしめられるように用心鉄より後ろの銃把がカーブを描いている。一八九一（明治二四）年に制定されたモシン・ナガン歩兵銃はいわば流行遅れの形だったといえるだろう。ただし、銃を格闘に使う時には、強度でいえば明らかにストレートグリップが有利である。事実、三十年式歩兵銃は戦場で転んだり、強い力をかけたりすると、しばしばグリップ部分が折れたという。

三八式歩兵銃

日本軍の兵器は後れていたか？

三十年式歩兵銃は、日露戦争の戦訓により改良され、同じく六・五ミリ弾を使う「三八式歩兵銃」へ進化をとげる。この三八式歩兵銃は完成されたボルト・アクション（槓桿式）の優れた小銃であり、海外でもアリサカ・ライフル（設計者は南部麒次郎）と呼ばれ、その評価はいまも高い。これを「明治時代につくられた小銃を第二次世界大戦でも使い続けた非科学性」といまも悪罵《あくば》を放つ人がいる。そういう人は、きちんと列国の事情と比べて語っているのだろうか。

ジョン・ウィークスの『第二次大戦歩兵小火器』（床井雅美監訳）にしたがってまとめてみよう。

英国陸軍は一八九五（明治二八）年に制式化されたＳＭＬＥ（ショート・マガジン・リー・エンフィールド）ライフルを一九〇二（明治三五）年になって短くして軽量化を図り、一九三九（昭和一四）年に完成させたものを使っていた。ボルト・アクションで五連発、口径は〇・三〇三インチ（約七・七ミリ）である。カナダでもアメリカでも、それぞれ一〇〇万挺生産され、陸軍や海兵隊、英連邦軍にも配備された。マレー半島やビルマ、タイ、ジャワ、ボルネオ、ニューギニアなどアジア・豪州正面で三八式歩兵銃と戦ったのはこれである。

ドイツ陸軍も一八九八（明治三一）年制式のマウザー小銃を使っていた。ボルト・アクションで五連発、口径は七・九二ミリ。ただし同小銃を原型にして開発されたＫａｒ98ｋという名称で知られるように短小化（騎銃）タイプで、一九三五（昭和一〇）年に制式化された。ドイツは戦線の拡大にともなって動員兵力も増え、いつも小銃不足に悩み、敗戦までこの生産を続けた。

ソビエト陸軍もやはり日露戦争時と同じ、一八九一（明治二四）年制式のモシン・ナガン小銃（口径七・六二ミリ、五連発）である。一九三〇（昭和五）年に軽量化、短小化されて、一九三八年に追加されたカービン・タイプとともに、なんと一九五〇年代まで主力小銃として使われた。

イタリア軍は「旧式で劣悪な性能の小銃」で第二次大戦を戦ったといわれている。主力だったのは一八九一（明治二四）年型のマンリッヒャー・カルカノ、口径六・五ミリ小銃である。口径の増大はイタリア軍の悲願であり、口径七・三五ミリ、ボルト・アクション六連発のカルカノＭ１９３８ライフルが製造されたが、部隊での実用は少なかった。

フランス軍は一八九〇（明治二三）年に制定されたベルティエ・ライフルを使った。一九三六（昭和一一）年には口径七・五ミリのＭＡＳモデル36ライフルが最後のボルト・アクション小銃として採用された。

第一次世界大戦が終わって第二次世界大戦が始まるまでの「戦間期」に半自動式小銃（セミ・オートマチック）に関心をもたなかった国は日本も含めてどこにもない。研究され、試作され、実用テストも

スプリングフィールド銃（M1903）。アメリカ軍は米西戦争（1898年）でスペイン軍のモーゼル小銃に圧倒された。クラッグ小銃（ノルウェー製・1888年制式）を更新することとし、モーゼルにデザインに関するロイヤリティーを支払い、30口径（7.62ミリ）で、５発入りの弾倉を持つこの小銃を1903年に採用した。第２次世界大戦前期まで主力小銃だった。銃身長610ミリ、重量４キログラム。

されたセミ・オートマチックを全軍に配備するように制式化したのは、弾薬運搬に馬を廃止した自動車大国のアメリカ合衆国だけである。ただし部隊配備され、第一線で大量に使われるようになったのは第二次世界大戦中のことだった。それまでは一九〇三（明治三六）年に制式化されたボルト・アクションのスプリングフィールド小銃（口径七・六二ミリ、五連発）である。日本軍が初めてセミ・オートマチックのM1ガーランド小銃に出会ったのはガダルカナル戦よりあとのことだった。

前述のように、その後もわが国はボルト・アクションの三八式歩兵銃を生産し続けた。改良の余地がないほど完成された連発銃だったからだ。その事情は列国も変わらない。ただ一つ、欧州諸国のように第一次世界大戦の塹壕戦を経験しなかったために、歩兵銃や銃剣の短小化がされなかったという憾《うら》みがある。

もちろん全長を約三〇〇ミリ短くして、軽量化された騎銃はあった。その性能は歩兵銃とほとんど変わらず、軽くて、扱いが楽といわれたものだったが、騎兵や乗馬兵のみに支給され、歩兵には行き渡ら

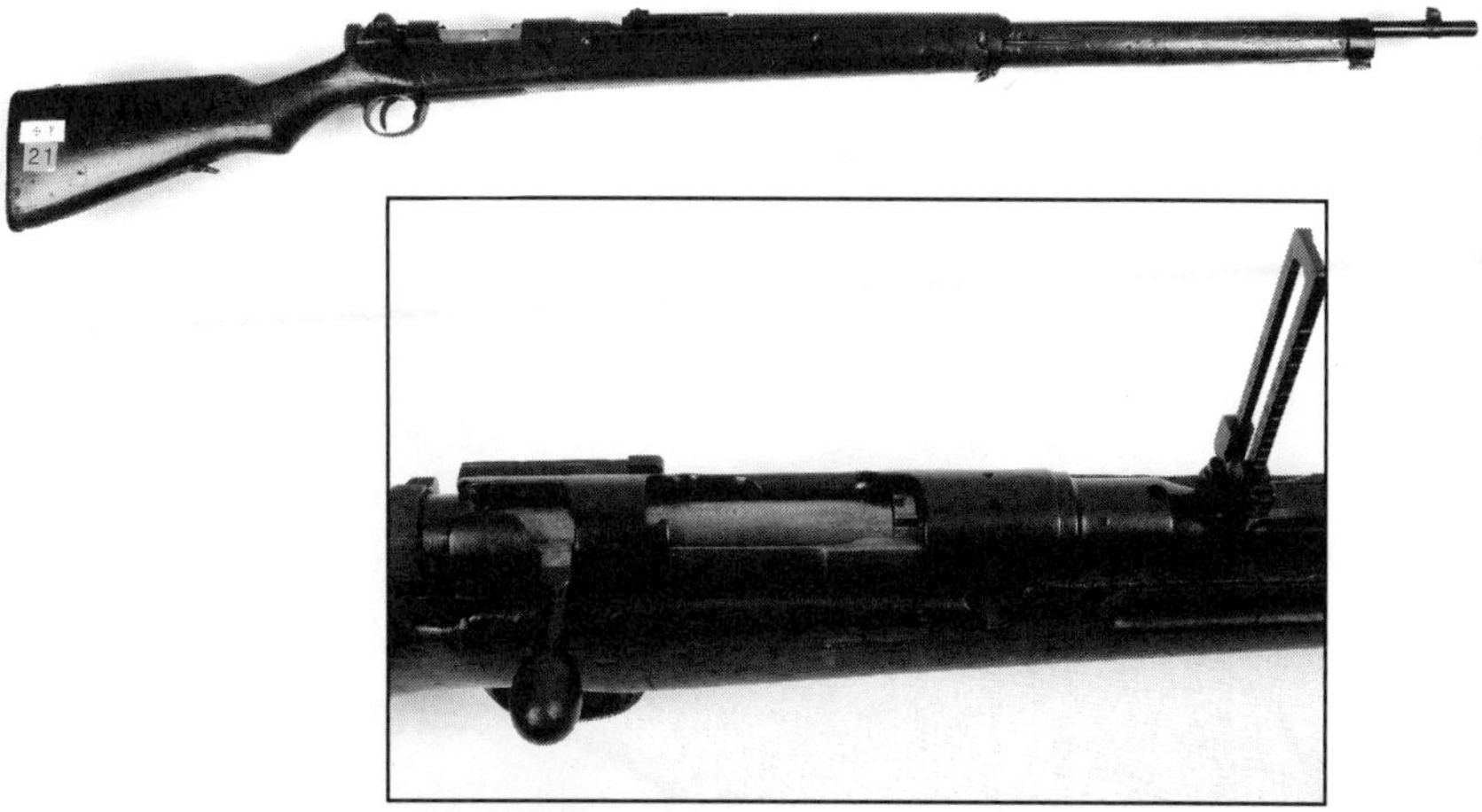

38式歩兵銃。30年式歩兵銃の欠点を改良して、より完成された小銃になった。欧米ではアリサカ・ライフルと呼ばれるが、設計者は南部麒次郎砲兵少佐である。南部は先輩に遠慮もせずに存分に腕をふるった。頑丈で、故障のない、手入れしやすい機関部が実現した。

なかった。

とはいえ、日本陸軍の主敵は極東ソ連軍であり、予想された戦場は広大な満洲北方の大陸だった。射界が密林でさえぎられ、せいぜい二〇〇メートルまでの南方戦線では三八式歩兵銃は長大に過ぎたといえるだろう。

大東亜戦争を戦い抜いた名銃「三八式歩兵銃」

三十年式歩兵銃は一気に国際標準に達した性能をもつ手動装填式五連発銃だったが、戦場では意外な弱点を見せた。それは皮肉なことに、熟練職工が丁寧にすり合わせをした遊底や機関部に満洲の細かい砂塵が入り、潤滑油にくっついたり、目詰まりや焼きつきを起こしたのである。満洲という戦場特有の現象だが、そこを想定主戦場にする軍隊にとっては致命的な欠陥になった。

また小さな部品が壊れやすく、強度が足りないことも指摘された。そこで全長などの基本的な諸元には手をつけないまま、急いで小銃製造所長の南部麒次郎砲兵少佐が新小銃を設計することになった。

1943（昭和18）年4月〜5月に中国山西省で撮られた38式歩兵銃での狙撃姿勢。照尺を立て、銃を岩に依託し、左手は下から添えている。脚を大きく広げ、安定感のある姿からベテランであることがわかる。右方の山腹の敵陣地を狙う。

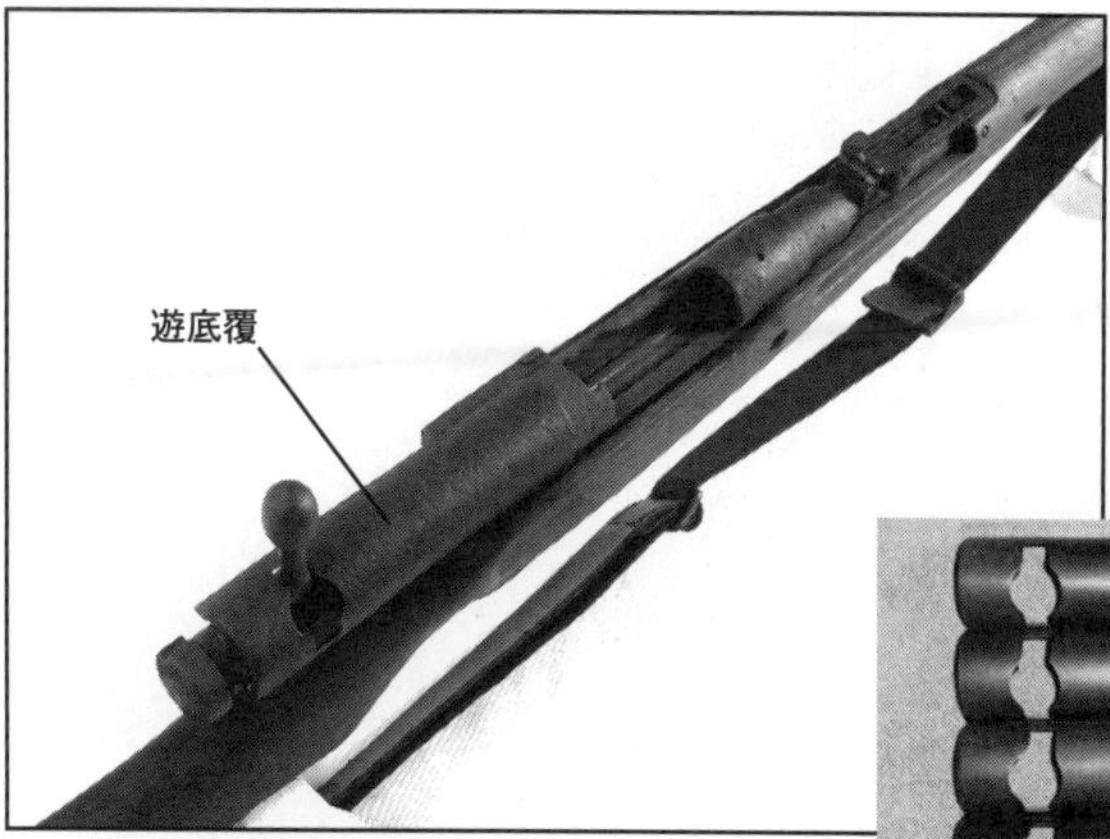

38式歩兵銃と遊底覆（ゆうていおおい）。満洲の細かい砂塵が入らないように、銃本体の円筒と連動して動く金属製の薄いカバーである。日本の制式小銃の伝統となった。右の写真は、遊底覆のさまざまなタイプ。槓桿が出る穴の部分の形が異なる。

新しくつくられた三八式歩兵銃は、遊底が単純化され、撃茎駐螺《げきけいちゅうら》、副鉄、撃鉄の三部品を撃茎駐胛《げきけいちゅうこう》に一体化し、遊頭《ゆうとう》も廃止したので、八点の部品数が五点になった。整備上も、製造上もたいへん大きな改善だった。

また、薄い金属製の「遊底覆《ゆうていおおい》」が付けられた。遊底全体を覆うカバーのことである。これによって、砂塵や埃が入ることを防いだ。逆U字形になっていて、可動部全体をすっぽり覆った。槓桿を通す穴がついている。動かすと、遊底と連動した。他国の小銃にはない工夫である。おかげで遊底を閉じた状態では「三八式」の刻印が隠れてしまう。それでも見分けは簡単で、万一の事故（薬莢が裂断することなど）の時にガスが射手に吹き付けないよう小さな穴が二個空いている。

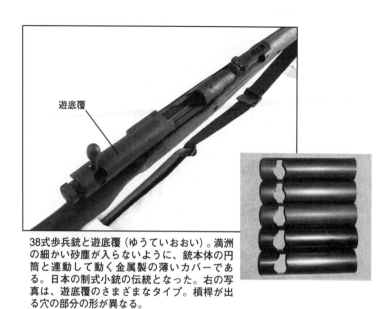

38式歩兵銃の薬室上部に彫られた菊の紋章と刻印。両側に見えるのは安全対策のための２つのガス抜き穴。戦後の比較実験では列国の小銃の中で最も堅牢かつ安全性が高かったという。制式採用後、約35年間で総数340万挺も生産された名銃。

よく手入れされたボルト・アクション銃は漫画のように「ガチャガチャ、ジャッキーン」という音はしない。せいぜいシュコンという音がするくらいだ。リアリティを追求しようとした戦後の映像作家たちには悪いが、映像の迫力を狙うあまり、事実から遠ざかってしまういい例である。

弾倉の改良

尾筒弾倉式《びとうだんそうしき》が日本の小銃に採用されたのは三十年式歩兵銃からである。連発ができるようにするには、上か下、あるいは横から弾薬（実包）を入れるようにしなければならない。これを上から、一気に実包を押し込めるようにしたのがマウザーの開発した尾筒に弾倉を仕込む型式である。

尾筒とは薬室の後方にある銃身を閉じている部分をいう。ここに設けられたのが箱型弾倉である。固定式と着脱式があり、多くの国は三十年式小銃と同じように固定式五発入りという形式を選んだ。弾倉の位置は引鉄部分に接していて、残弾数の違いで重心が動かないので照準が簡単というメリット

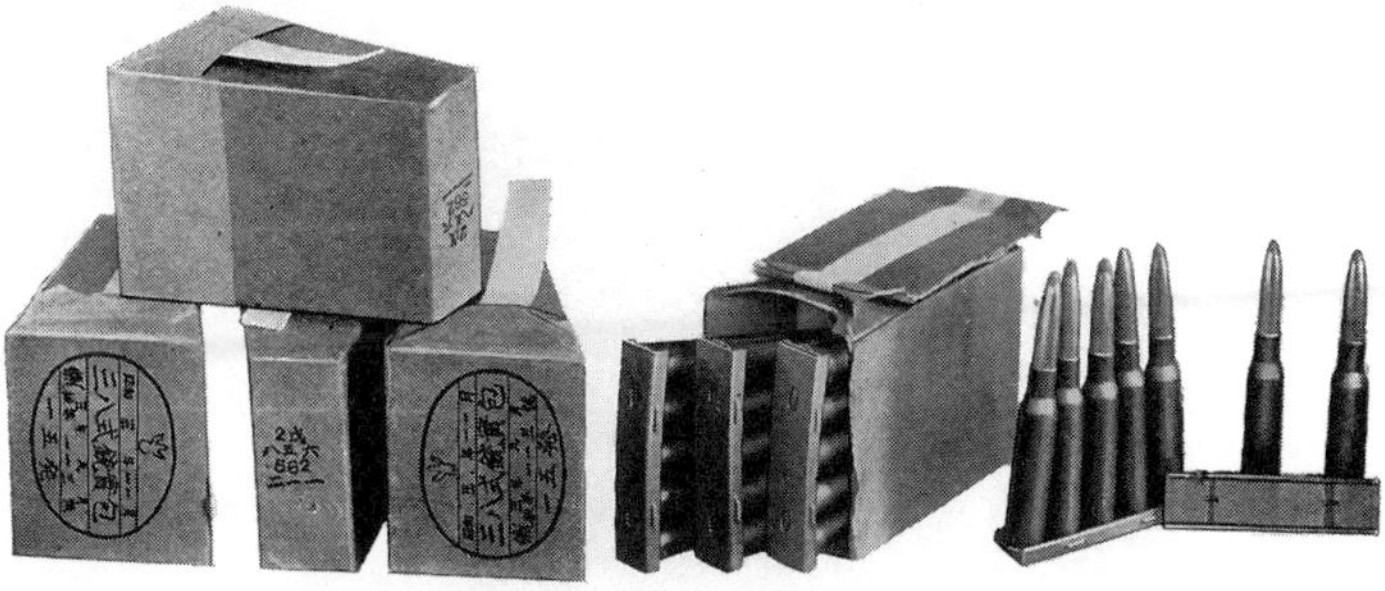

38式実包。挿弾子でまとめられた５発の6.5ミリ弾である。５発ずつ３個、15発を１つの台形の紙箱に入れた。大きさは上部が52ミリ×60ミリ、高さは85ミリと80ミリ、下部は20ミリ×60ミリ、重さは356グラムになる。

があった。

また、装塡に必要な時間も短く、素早く、慣れてくれば親指の一挙動で五発を入れることができた。上の写真にあるように実包五発は挿弾子《そうだんし》というクリップで一まとめになっている。このクリップは使い捨ての消耗品だった。弾倉後部のくぼみに立てて、実包を押し込む。弾倉底板《ていはん》には板バネがついていて反発力もあり、実包は左右ジグザグに二発、三発というように納まった。

槓桿を前に押すと遊底が閉じる。この時、役目を終えた挿弾子ははじき飛ばされる。同時に最上部の実包は薬室に押し込まれた。槓桿上部は茄子《なす》形にふくらんだ「槓桿頭《こうかんとう》」という握りやすい形状になっている。三十年式以降の日本の小銃では、装塡の際には前に実包を押し込み右に倒した時に撃針がロックする。これに便利なように南部が改良したものである。これは大変堅いということから、陸軍では柔軟性がない固い頭脳の持ち主を「槓桿頭」と陰口をたたいたそうだ。

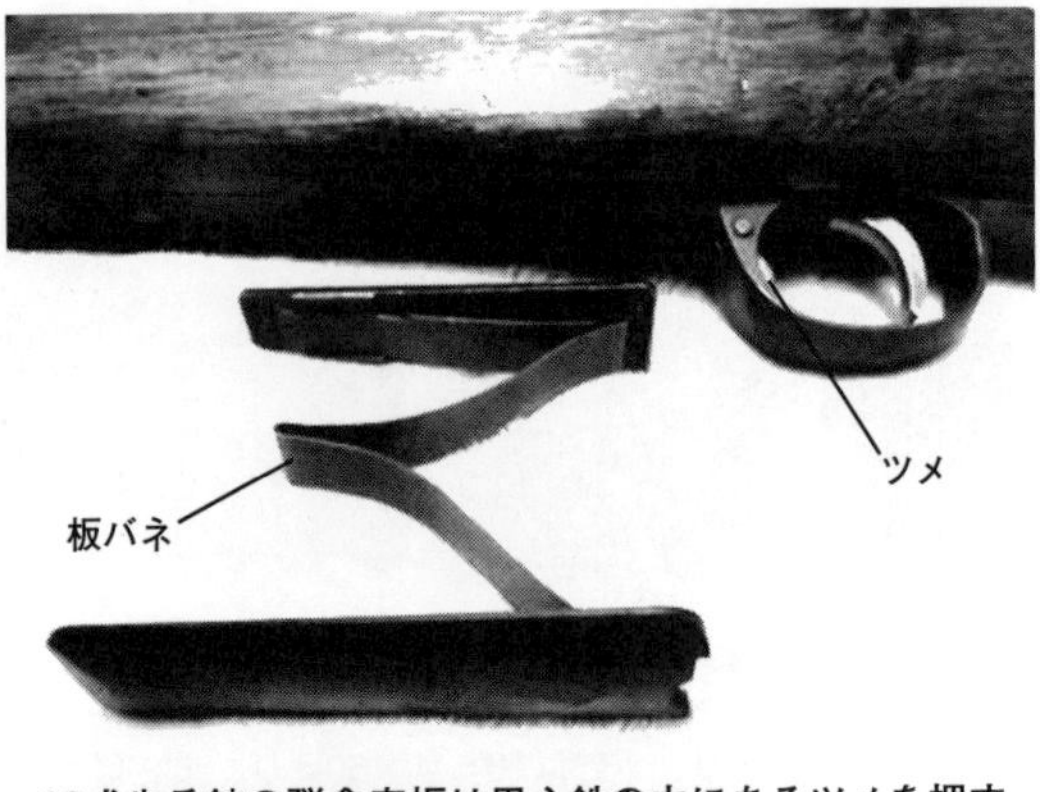

38式歩兵銃の弾倉底板は用心鉄の中にあるツメを押すことで外れた。残弾があるままにしておくと万一の事故がある。それを防ぐのがこの機構だった。兵士は「弾抜け！」の号令がかかると、槓桿を引き薬室の弾を出し、弾倉底板を外して弾倉内の弾を抜いた。

遊底が前進させられている時、円筒の中では撃茎が後に残る。槓桿を右に倒すと撃茎の中のコイル・スプリングは圧縮された状態になる。これで撃発が可能になった。

安全装置は三八式歩兵銃では改良され、尾筒後端の円形の安全子を操作するようになっていた。右手の掌で押しながら右へ四五度回すと、内部機構がロックした。

この機構も、兵営の内務班のいささかユーモラスな私的制裁の道具となっていた。「鼻に安全装置をかける」といい、被害者は直立不動、制裁をする上級者が思い切り掌を鼻に押し付けて右にねじった。痛いし、涙は出るしと体験者は語り残しているが、周囲から笑いも出たというから、安全装置をかける動作にたとえた体罰だった。

写真のように弾倉の底板にはバネがついて、下から押し上げる圧力になる。三十年式歩兵銃では針金を使っていたが、三八式では板バネ（毛抜き型）にされた。底板を外すのは簡単で、用心鉄（トリガーガード）内部の出っ張り（ツメ）を押すことで実行できた。戦闘が終わった後の弾倉からの「抜弾《ばつだん》（たまぬき）」は安全管理上、とても大切なことであり、その実行はうるさく徹底されていた。

ボルト・アクションの操作と連発

小銃は右肩にあてて射撃動作を行なう。槓桿を操作し、実包を装塡し、排莢し、再装塡する。この一連の動作をきっちりと肩につけたまま行なうのは難しい。やはり一発ごとに肩から外して槓桿を操作するしかない。だから、のちにＭ１ライフルのような半自動式（セミ・オートマチック）と比べて発射速度が遅い、だからだめだったと戦後に非難された。

「米軍は連発だろう。こっちはカチャパン、カチャパンだ。負けて当たり前だ」という言い方は、軍隊経験者もそうでない人もよく言っていた。

ある高名な文学者は、防衛大学校の学生たちにその講話の中で、科学的精神を軽視するなと三八式歩兵銃を例にして語ったほどである。自らも大東亜戦争末期に学生生活を送り、無駄な軍事教練を受けさせられたと語った。その上で、長大な銃剣格闘重視の歩兵銃、時代遅れの槓桿式と陸軍装備をあざけり、明治の小銃で第二次世界大戦を戦ったという戦前日本の後進性を非難したのである。これが実は戦後の「誤った定説」であることはすでに述べた。明治時代に開発された小銃で戦ったのは、アメリカ以外の大国の軍隊すべてだったからだ。

もともと当時の歩兵用の小銃は、三〇〇から四〇〇メートル以内という距離の撃ち合いが想定されている。肉眼で敵兵を見分けられる限界がその距離である。そんな遠距離での狙撃威力を高めるために、銃腔内の施条も旋転《せんてん》の度合いを工夫し、弾の長さや形態も工夫されてきた。中長距離では半自動式であろうとなかろうと、じっくり照準して的に当てようと思うなら、射撃ごとの照準直しは当たり前である。

狙撃にはボルト・アクション・ライフル（槓桿式小銃）が最も向いている。それは、現在の軍隊でも狙撃兵の多くが槓桿式小銃を使うことでもわかる。そもそも槓桿式には大きく動く撃鉄がない。引鉄を絞れば、すぐに撃針が前に進み弾薬の底部の雷管を打つ。要は銃のブレを最小限におさえることができるのである。

半自動式銃も槓桿式銃も、撃発すれば銃口が跳ね上がり、左右にぶれるのは同じである。だから、射撃ごとに弾着をよく見て、じっくりと照準を付け直すのは当然だった。ある大学の軍事学研究者が「半自動式小銃が、槓桿式小銃より連射での命中率が落ちるという当時の軍人の気持ちが理解できない」と著書に書いているが、自分が射撃をしたことがないとそういう簡単なことがわからない。

どこの国でも半自動式小銃に関心をもった。実際、試作品を完成したり、購入したりして実験を繰り返した国も多かった。その結論の多くは、効力には大差がないのに、不慣れな兵員は無駄弾をいっ

M1ライフル。ジョン・ガーランドは半自動式小銃の設計にあたって回転遊底式という機構を採用した。８発の30口径（7.62ミリ）弾は特殊なクリップにまとめられた。銃身長は610ミリ、重量は4.35キログラムにもなり、戦後わが国にも供与され、警察予備隊もこれを使った。

ぱい撃つのではないか、構造が複雑すぎて分解、修理、手入れがたいへんだというものだった。

何より各国の陸軍を困惑させたのは小銃弾薬の消費量だろう。たとえばＭ１ライフルは八発入りの特殊なクリップを使った。作動はガス利用式で再装填し、クリップ内の実包を撃ち尽くすと空のクリップ（正確にはエン・ブロック・クリップという）が跳び出した。

もちろん、単発で一発ごとに引鉄を引くことになる。比較実験では一分間に二〇発以上の射撃ができた。槓桿式では熟練した兵士でも七発ほどだったらしい。敵前で興奮したふつうの兵士は、おそらくろくに狙いもつけずに乱射するだろう。

半自動式小銃が有利なのは至近距離の戦いである。数十メートルという距離なら、弾をばらまける発射速度が高い銃がいい。ガダルカナルでも、フィリピンでも、多くの島嶼戦闘でも満洲のような広い平原はなかった。ひどく短い距離で撃ち合いは起きたのだ。そうであると敵に頭を上げさせないためには発射速度が高く、ろくに狙いをつけなくても短時間に乱射できる半自動式小銃が有利なことは疑えない。

そのアメリカ兵の乱射を支えたのは、はやばやと軍馬に見切りをつけてジープを開発した米国の工業力だった。第二次世界大戦のどこの国の軍隊でも、馬と騾馬《らば》の背に小銃弾薬は載せられていた。騾馬は馬とロバの一代雑種である。頑丈で、我慢強く、馬よりも丈夫だった。インパールの英軍の槓桿式小銃に弾薬を届けたのは山地に強い騾馬だった。アメリカの半自動式小銃を支えたのは、その高価（槓桿式の三倍から一〇倍）であることを許せた豊かさと、何より乱射された小銃弾の補給能力の差だったのである。

外貨を稼いだ三八式歩兵銃

一九二〇（大正九）年の「支那駐屯軍司令部」が作成した情報報告がある。時期は一九一六（大正五）年の袁世凱《えんせいがい》死去による北洋軍閥の分裂期にあたり、明治四五（一九一二）年から大正三（一九一四）年までの「支那」の輸入銃についての情報がまとめられている。

明治四五年から大正三年まで、口径七・九二ミリのドイツ製マウザー1888年式と1892年式が合計で一五万八五〇〇挺、同カービン1888年式（騎銃）七万八〇〇〇挺、フランス製ホチキス機関銃二〇七挺、ドイツ製クルップ野砲二五九門、同山砲三三七門とドイツからの輸入が圧倒的だった。

それが精力的なわが国の武器輸出団体である泰平《たいへい》組合の活動、一九一四年からの第一次世界大戦のおかげで数量もシェアも大きくドイツが後退することになった。一九一九年までの通算では、小銃ではわが国が首位となり、二七万四八二一挺を輸出し、シェアは四九・四パーセントになった。対してドイツは二三万六五〇〇挺で同じく四二・五パーセントである。ほかにはオーストリアが二万五〇〇〇挺（四・五パーセント）、イタリアが一万挺（一・八パーセント）、フランスが八〇〇〇挺（一・四パーセント）にロシアが二五〇〇挺（〇・四パーセント）という順位になっている。合計が五五万六八二一挺になった。

機関銃になると日本が三九二挺（六〇・九パーセント）、ドイツ二〇七挺（三二・一パーセント）、アメリカ三〇挺（四・七パーセント）、オーストリア一五挺（二・三パーセント）の合計六四四挺である。火砲では、日本七四九門（五五・七パーセント）とドイツ五九六門（四四・三パーセント）の合計一三四五門にのぼる。いずれもわが国はドイツより多くの火器を中国に売り込んだことがわかる。

一九一七（大正六）年以前では、村田銃などの旧式歩兵銃を三万九一八〇挺、旧式化した三十年式歩兵銃を三万六八六七挺の合計七万六〇四七挺を中国に輸出している。また、このほかに新制式の三八式歩兵銃も一万挺販売した。外国に新兵器を売り渡していいのかという新聞記者に対して南部は語

広報用の撮影を意識した演出のある写真。38式歩兵銃を手にした兵士が身体や鉄帽に偽装網を付け、鉄条網を突破するところである。30年式銃剣の長さもよく分かる。

った。「軍隊には教育・訓練の差がある。同じ兵器を使っても、わが国には十分に勝算があるのはそこだ」と答えている。

事実、この大正前・中期の壮丁（徴兵検査受検者）は、その約四〇パーセントが四年制尋常小学校卒、約二〇パーセントが二年制高等科卒だった。これは当時の、読み書きができないのが普通だった「支那」の軍閥兵士とは際立った違いだった。すでに日本兵の教育程度の高さは列国にも知られていたが、世界最高水準の知的軍隊だったことは間違いない。

三八式歩兵銃は推定で約二〇万挺が中国の軍閥軍に売られた。日支事変（一九三七年）が始まってから鹵獲した小銃の中に、この「サンパチ」もあったという。

諸外国にも送られた三八式歩兵銃

武器兵器研究家の須川薫雄《すがわしげお》氏の調査によれば、一九一五〜一七年までの間に英国に三〇万から五〇万挺の三八式歩兵銃が輸出されたという。これは日英同盟にもとづいた兵器供給であり、英国では本土に置かれた予備部隊、海軍などで使われた。

第一次世界大戦後には、英国からフィンランドへ再輸出され、一九三九年のソ連軍の侵入を撃退した。また一二万八〇〇〇挺がロシアにも輸出された。ほかにもイギリスの海外部隊や機関で使われ、有名な「アラビアのロレンス」が手にして戦った中にも三八式歩兵銃があった。フィンランドは一九一九（大正八）年にはエストニアの独立支援のために約一万挺をわが国から購入して、独立勢力に供給した。

ロシア革命には当然、反対勢力がいた。赤い旗の赤軍《せきぐん》に対して白軍、白系ロシア軍という組織があった。革命に干渉したシベリア出兵（一九一八〜二二年）では、現地で日本軍と白軍が共同作戦を行なった。この勢力におよそ六〇万挺が提供された。

メキシコからは同国仕様のマウザー実包七ミリ用に改良された約三万六〇〇〇挺の三八式歩兵銃が発注された。遊底の上にはメキシコの鷹の紋章が彫られていた。また当時、日本の友好国だったシャム（タイ）王国にも口径七・九二ミリ（タイ軍制式七・九二×五二ミリR）実包用とした三八式の改造銃が販売された。全長一〇九〇ミリ、重量三・五キログラム、六六年式暹羅《シャム》式歩兵銃という。一九二五（大正一四）年から四年間で小銃が四万三一〇〇挺、銃剣四万八一九九振《ふり》、弾薬盒などの付属品一万九九九九個などがシャム王国に輸出されている。

このように輸出総量ではおよそ一五〇万挺近い数になるが、これには再輸出による二重計算や、三十年式歩兵銃、あるいは三十五年式海軍銃も含まれるようである。そこで須川氏は、国内で製造された三八式歩兵銃のうち約一〇〇万挺が輸出されたと推計している。

それにしても、強力なマウザー七・六二ミリ実包用に改造しても使用に耐えたという三八式歩兵銃の頑丈さにも注目したい。その優秀さと、堅牢さについては第二次世界大戦後のアメリカの公式機関のトライアルでも証明された。マウザー小銃やスプリングフィールド小銃の機関部が破損するような実験でも三八式歩兵銃だけは無傷だったという。

蛋形《たんけい》弾から尖頭《せんとう》弾へ

三八式歩兵銃と三十年式歩兵銃の弾薬にはひと目でわかる違いがあった。それは蛋系（ラウンドノーズ）といわれた先が丸い弾頭から先端が尖り、後部はすぼまる形（ボート・テイル）に変わったことである。

「蛋」とはもともと卵を意味した。先込め式の時代はまさに「弾丸」というように飛翔体は球形で丸かった。過渡期のミニエー弾はドングリのようになった。続いて登場したのが蛋形弾である。

便利な薬莢一体型弾薬が発明されると、金属製薬莢にはめ込まれる弾頭は蛋形になって長くなった。これは弾丸断面荷重（セクショナル・デンシティ＝ＳＤ）という理論の実現化である。ＳＤは弾重（ポンド）を最大断面積（平方インチ）で割ることで求める。この数値が大きいほど弾速は低下せず、威力はたもたれ、直進性が高くなる。口径を小さくしても断面積が大きく、重量のある弾丸なら速度も落ちずに威力をたもったまま直進しやすいということである。

そのためには、先端を丸くした鉛の弾頭の口径を小さくする。その代わりに円筒形にして全長を伸ばせば、断面積もかせげて重量も増すということになる。三十年式歩兵銃に使われたのは、この小口径（六・五ミリ）蛋形弾である三十年式実包だった。弾重は一〇・四グラムである。同じ頃一九〇三（明治三六）年に米軍が採用した３０‐０３スプリングフィールド実包（口径七・六二ミリ）も同じ蛋形弾で、弾重は二二〇グレイン（一グレインは〇・〇六四八グラムだから一四・二五グラム）である。

さらに弾薬は進化する。無煙火薬や飛翔中の空気抵抗や腔綫（ライフリング）、発射後の鉛の残渣《ざんさ》（かす）などの研究が深まり、薄い金属（主に銅）でカバーした尖頭弾（スパイアー）が主流となった。尖っていた方が空気を切り裂きやすくなり、速度が落ちにくい。また後部の形状も上から見て水上のボートのようにすぼまった方が空力上で有利である。これをボート・テイル型という。米軍も一九〇六年には尖頭弾３０‐０６を採用した。この弾頭重量は一八〇グレインだから一一・六六グラムとなった。

同じように三八式歩兵銃と騎銃も、尖頭の三八式実包を採用した。弾頭重量は三十年式実包の一〇・四グラムから九グラムに軽くなり、また省資源化に貢献することになった。

日本騎兵――三八式・四四式騎銃

軍馬と騎乗する軍人

騎兵は乗馬襲撃を本領《ほんりょう》とする。西洋で生まれた騎兵は一九世紀当時、二種類あった。胸甲《きょうこう》を着用し長槍で武装した重騎兵と、サーベルだけを持った軽騎兵である。重騎兵の馬は大きく、重かった。軽騎兵は捜索、偵察、連絡などを主任務とするため、軽快で馬格も小さい。その活躍ぶりで知られる秋山騎兵団をはじめとして日本騎兵はみな軽騎兵だった。

日本陸軍の馬はひどく小さかった。幕末にフランスからアラビア馬が贈られたが、その大きさにみな驚いたという。わが国の古来の馬はトカラ馬、奄美・琉球（与那国・宮古・八重山）馬などの小型馬（体高一〇〇～一二〇センチ）と對州馬（対馬馬）、御崎馬（宮崎県都井岬）、木曾馬（長野県木曽地方）、北海道和種などの中型馬（体高一三〇センチ）に大別される。（武市銀治郎『富国強馬――ウマからみた近代日本』）

馬の体高とは地上から肩の高さまでをいう。室町時代（一四世紀初〜一六世紀中）は「四尺＝一二一センチ」をふつうの小馬として、「四尺五寸＝一三六センチ」を中馬、「四尺八・九寸＝一四五〜一四八センチ」を「丈《じょう》に余る」という。源平時代（一二世紀末頃）は馬上の騎射戦が盛んであり、名馬は多く四尺七寸（一四二センチ）から四尺八寸（一四五センチ）だった。戦国時代（一六世紀中〜末）には体高五尺（一五二センチ）前後が上級武士の乗馬にされていた。その後、江戸時代を通じて、馬は小さくなるばかりだった。

帝国陸軍の発足と同時に当局を悩ませたのが騎兵用乗馬、輜重兵《しちょうへい》・砲兵用輓馬《ばんば》（当初は駕馬《がば》といった）、同駄馬《だば》の補充と改良だった。軍馬とは、将校乗馬、部隊保管馬、軍馬補充部保管馬と貸付予備馬を総称したものだった。

乗馬とは指定された乗馬本分《じょうばほんぶん》とされた者、乗馬部隊の将兵などが乗用する馬のことをいう。輓馬とは野砲や輜重車などを馭卒《ぎょそつ》（兵）に操られて牽引し、駄馬は分解した山砲や物資を背中に載せて輜重《しちょう》輸卒《ゆそつ》などに口を取られて運ぶ馬をいう。

騎銃は馬上での取り扱いを容易にするために、歩兵銃の全長を切りつめたものである。乗馬する兵卒に交付され、騎兵、輜重兵、砲兵馭卒（兵）が背中に負って行動した。十八年式村田銃にも、二十二年式村田連発銃にも騎銃タイプが生産された。

三八式騎銃

すでに日露戦争から日本騎兵は乗馬した歩兵になっていた。軍刀をふりかざしての襲撃戦はほぼ起きなかったし、多くの戦闘は下馬《げば》しての機関銃や小銃による徒歩戦だった。その戦訓から、敵に接近してからの対歩兵戦闘では、騎銃にも銃剣があった方がよいというのが現場からの声だった。まず騎銃で射撃し、接近して接戦になろうとする時、騎兵は銃を置き、軍刀を抜いて白兵戦に備えた。この時、射撃が途切れてしまうからだ。

三八式騎銃は、三八式歩兵銃の前部（木製の覆いのない部分）を三一〇ミリほど短くしたもので、銃床・銃尾も機関部も歩兵銃とほぼ変わらない。背中に背負うための負革（スリング）の留め金は銃床の左側に付いている。背負った兵の背中に槓桿が当たらないようにする配慮である。銃剣や遊底覆、銃口蓋《じゅうこうがい》（銃口を保護するキャップ）などは歩兵銃と共通で、ベルトに付ける弾薬入れの前盒《ぜんごう》だけが専用のものがあった。

生産は歩兵銃より三年から四年遅れて始まったらしい。前出の須川氏は一九一二（明治四五）年の兵器竣工数（歩兵銃八万八五九挺、騎銃四万一二二四挺）から、この前年くらいから騎銃の生産が始まったと推測している。

また騎銃は歩兵銃の一五パーセントほどが生産され、輜重兵や通信兵、戦車兵などの車輛部隊、航空兵などにも支給された。支那事変の写真で弾着観測を担当した気球隊の兵士たちが作業中に背負っている姿もある。

三八式歩兵銃と三八式騎銃を比べると、銃身長が七九二ミリから四八〇ミリと三一二ミリも短くなっている。したがって全長も一二七五ミリから九六五ミリと三一〇ミリも短い。重量も四〇〇〇グラムから三二五〇グラムと七五〇グラムも軽くなった。

ほかに目立った変更点は照尺である。指標が歩兵銃の最大二四〇〇から二〇〇〇メー

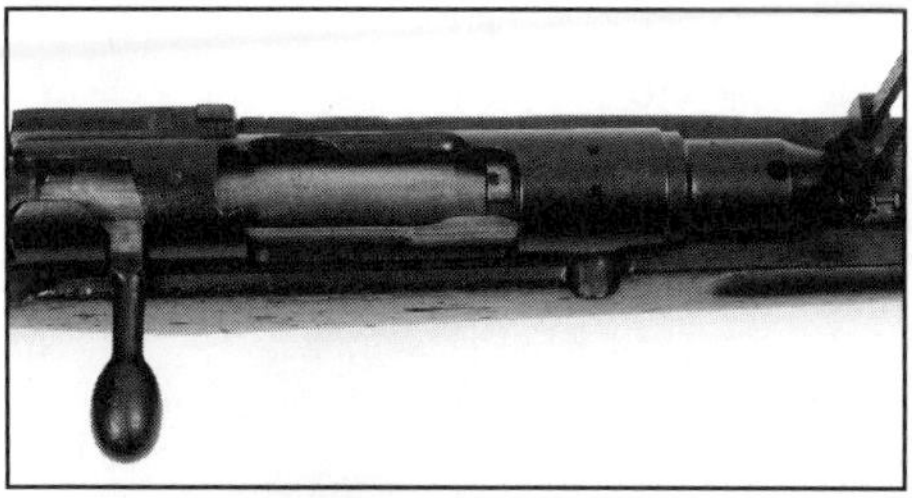

38式騎銃。歩兵銃と比べると全長は約30センチも短くなり、750グラムも軽くなった。それでいて300メートルくらいでの集弾率はあまり変わらなかった。もし陸軍が第1次世界大戦の塹壕戦を経験していたら、これを主力小銃にするといった議論が生まれたかもしれない。

トルに下げられた。銃身が短くなったが、三八式実包はもともと装薬は少なく、銃口から弾が出るまでにガスは十分膨張していた。初速は少し下がり、弾着も高低にばらつきが少し増加した程度であった。

四四式騎銃

一九〇九（明治四二）年、騎兵旅団は四個になっていた。第一騎兵旅団は千葉県習志野に司令部を置き、第一三・一四の二個騎兵聯隊が隷下にあった。第二騎兵旅団は同じく習志野に第一五・一六騎兵聯隊。第三騎兵旅団は岩手県盛岡に第二三・二四の騎兵聯隊、第四騎兵旅団は愛知県豊橋に第二五・二六の騎兵聯隊があった。この八個聯隊が旅団騎兵といわれた機動打撃兵団である。戦時には、いくつかの師団を指揮する軍の直轄部隊となった。このほかに各師団には師団騎兵があった。近衛騎兵聯隊以下合計一九個聯隊である。

同年四月、秋山好古《あきやまよしふる》騎兵監から大島久直《おおしまひさなお》教育総監に上申があった。騎兵監をトップとする騎兵監部とは教育総監部の中にあり、騎兵の教育訓練・兵器、戦術の研究・部隊の検閲などを行なう。「騎銃に伊太利《イタリア》式の銃剣を附着《ふちゃく》して、研究のために騎兵実施学校に下附《かふ》せられたく」という上申だった。これが教育総監から陸軍大臣へ、大臣から技術審査部におりてきた。まず、生産が始まった三八式騎銃に折り畳み銃剣を付けてみようと研究が始まり、制式化されたのは一九一一（明治四四）年

44式騎銃。上の写真は銃剣を折り畳んだ「伏剣」状態。左は「起剣」している様子。銃剣といっても槍（スパイク）である。これで騎兵が長大な騎兵刀と銃剣という二重装備が解消された。ところが問題が起きた。300メートルの射撃で弾が1メートルも落下したらしい。銃剣取り付け部の問題ではないかと考えられ、改良された。最後には銃身と銃床の固定をゆるやかにして解決した。

一二月三〇日である。伊太利式の銃剣とは、カルカノ・カービンM1891に取り付けられた折り畳み式のものだった。

　時期を少し戻して、上申の理由を読み直してみよう。その要旨は次のようなものである。

「騎兵は戦闘や警戒勤務にあたり、徒歩戦闘を行ない、白兵を使う時も多かった。軍刀はこの時に徒歩者の運動を軽快にさせせない。その銃の操作を適確にもさせなかった。欧州では騎銃に剣を附すという傾向にある。……軍刀は従来のように腰に帯びるが、徒歩戦闘の時には鞍に装着するようにすることが必要である」

問題は長大な騎兵刀と銃剣の二重装備である。騎兵と輜重兵の下士・兵卒は、三十二年式軍刀（甲）を支給されていた。片手握りで柄は短く、西洋式に護拳《ごけん》（ハンドガード）と内部に指掛け革《ゆびかかわ》が付いていた。全長は一〇〇二ミリと長大なもので、金属製の鞘《さや》や刀緒《とうちょ》などを含めての全備重量は一・四二三キログラムもあった。同じ意匠の「乙」もあったが、これは他兵科の曹長などの上級下士官が佩用《はいよう》したもので刃の部分が六〇ミリ短く、全長は九二〇ミリ、重量も一・三二八キログラムと軽くなっていた。

三八式騎銃に銃剣を装着するのに銃の改造自体に面倒はなかった。銃口近くに軸をこしらえ、折り畳み式の銃槍《じゅうそう》、スパイクを付けるようにした。仕組みは簡単で、ボタンを押して固定を解除する。バネなどはついていないので、先端を持って一八〇度回転させる。

これを「起剣《きけん》」といい、ロックを外して元に収めた状態を「伏剣《ふくけん》」といった。銃槍の断面は三角形で、出征するまでは刃をつけない。起剣の時の全長は一三五一ミリで、三八式騎銃に三十年式銃剣を付けた時と変わらない。ただし、重量は三・七八キログラムになった。銃身長が四八七ミリになったので、初速は七〇八メートル／秒と歩兵銃に比べると遅くなった。

外見の特徴は銃の清掃用の備品である槊杖《さくじょう》が、三八式では銃口下部から覗いていたのが、折り畳み式になって床尾に格納されることになった。兵が背に「負い銃《おつつ》」する時に使う「負革《おいかわ》」の取り付け環の位置も三八式と変わらない。また、銃口の横から鉤型《かぎがた》のフックが突き出している。これは叉銃鉤《さじゅうこう》といって、ふつう三挺の銃を組み合わせて立てるための金具である。

素晴らしい銃と騎兵の黄昏

大正時代の後半になると、騎銃にも射撃精度の向上が求められるようになった。実は四四式は三八式騎銃より当たらないという評価があった。要するに射弾の散布界が大きいということだ。いろいろな理由が考えられた。起剣時に銃口のすぐそばに銃槍がある。これが原因だろうかなどと、さまざまな解釈があった。

原因はどうやら銃と銃床

畳まれていた44式騎銃の銃剣を起こすところ。ロックは確実で、がたつきもなく作動も良好だった。

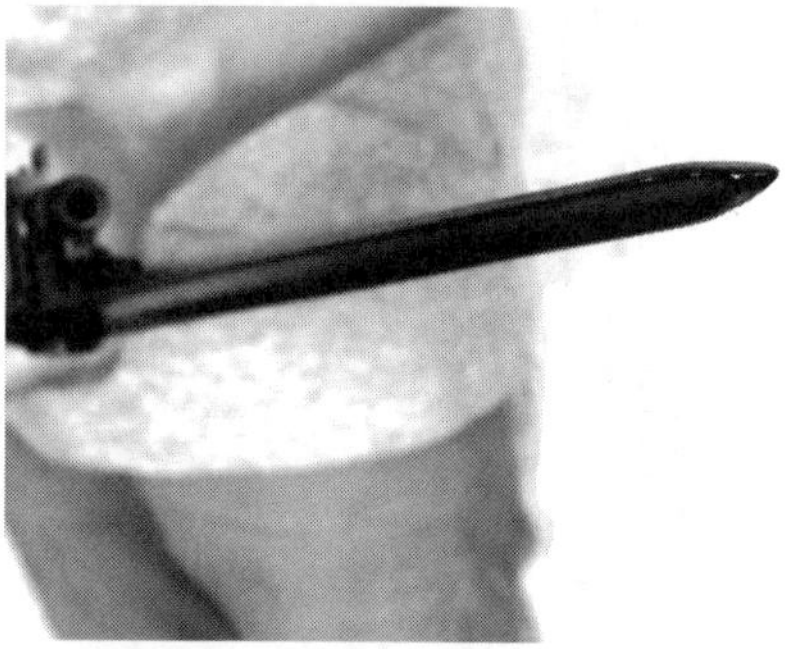

44式騎銃の銃剣を前から見たところ。出征時には兵営内の銃工場に集められ、グラインダーで削られて刃が付けられた。

の取り付け部の締め方の問題だったらしい。銃身と銃を支える木製銃床の間にはほんのわずかのすき間がある。それがないと、発射時の銃身のぶれや、銃床のゆがみを吸収しきれない。これればかりは試行錯誤を繰り返すしかなかったようだ。最終的に、間隙をつくることで解決がされた。

四四式騎銃はその外観が大変美しい。残されている実銃を見ても、バランスがよく、機関部も精巧にできている。職工の手作り感あふれる仕上がりで、アメリカでは同騎銃の大ファンもいるらしい。

生産数は須川氏の調査によると、四四式騎銃は大正時代を通じて約五万五〇〇〇挺つくられたという。これらは前期型といわれ、東京の小石川小銃製造所（現文京区）で製造された。関東大震災（一九二三年）後は現北九州市の小倉でつくられるようになり、ここで約一万挺がつくられた。中期とされる一九二三（大正一二）年以降、一九三五（昭和一〇）年までに同一万六〇〇〇挺、後期の一九三六（昭和一一）年から四一（前同一六）年までに同三万挺の合計約一一万一〇〇〇挺が総生産数とされる。銃剣が着けられる三八式騎銃は、四三万四五四挺であったから、装備された比率はおよそ一：四と考えられる。

しかし、日本騎兵の黄昏《たそがれ》は一九二〇（大正九）年に訪れた。「騎兵無用論争」が起きたのである。その前年には、朝鮮に第一九と同二〇師団が創設された。騎兵四個旅団と師団騎兵二一個聯隊となり、騎兵一〇三個中隊、機関銃四個中隊になった。ところが、第一次世界大戦の研究が進むと、騎兵そのものの価値が問われるようになったのである。

この詳細は『帝国陸軍機甲部隊』（加登川幸太郎）に詳しい。以下、この著作にしたがって説明しよう。「騎兵の乗馬戦闘はもうあり得ないから、騎兵は徒歩戦を主体とするように装備も訓練も変えるべきだ」という意見と、「ヨーロッパ大戦は陣地戦が主体だったが、あれは特異な状況である。今後も乗馬襲撃の可能性はあるし、何より乗馬襲撃こそ敢為《かんい》な騎兵精神の象徴であり、徒歩戦を主とするなど騎兵の堕落だ」という意見の衝突だった。

この論戦に参謀本部の歩兵出身の部長が加わった。「乗馬騎兵に価値はない。世界大戦中の騎兵は準歩兵的に戦ったのではなく純歩兵的な戦闘をすることで貢献した。馬は単に兵器輸送の手段にしか過ぎない。大部隊の乗馬襲撃が将来もありうるというが、襲撃戦をいどむなど、騎兵みずから壊滅を求めるにひとしい。さらに航空機の発達した今日、捜索について従来期待されていた騎兵の任務は、飛行機で知りえたことを確認するに過ぎなくなった。騎兵など要らない。歩兵に乗馬訓練をすれば足りる」といった騎兵廃止論である。

この論争は、一九二〇（大正九）年夏に及んで、騎兵界に大きな動揺を与えた。そして、一人の騎兵旅団長が憤激のあまり、割腹自殺をするという悲劇を生んだ。この年以降、戦車や装甲車についての研究も行なわれていた。若い世代からは「馬を捨て、機械化騎兵とすべし」という意見もあった。ただし、騎兵界の主流は、乗馬騎兵のままで装備を改善し、重火器を装備する方向で戦力を強化しようということになっていった。

一九二二（大正一一）年、山梨軍縮で歩兵の平時中隊数が一個大隊四個から三個に減らされた。各騎兵聯隊もそれぞれ一個中隊を減らし、合計二九個中隊が削減された。師団騎兵聯隊（乙聯隊）は二個中隊になってしまった。しかも『騎兵操典』が改正され、「騎兵の戦闘は乗馬戦、徒歩戦を併用する」とされた。

九九式小銃

六・五ミリから七・七ミリ口径へ

一九三八（昭和一三）年四月二一日、陸軍軍需審議会は、技術本部の研究方針について次のように改めるよう答申した。

「小銃、近距離戦闘兵器としての性能を向上す。主要諸元左の如し。口径七・七粍《ミリ》、重量約四キロ（努めて軽量とす）、穴照門とし一〇〇米《メートル》より一五〇〇米の照尺を附す。摘要。反撞《はんどう》若干の増加は忍ぶものとす。対空射撃の方途を講ず」

三八式歩兵銃は、その発射反動の穏やかなことでも有名だった。小口径であるのに十分な長さの銃身をもち、装薬から生まれた発射ガスが十分に作用をする時間を与えたからだ。新しく開発する新小銃は口径を七・七ミリに大きくするのに、重量増加が許されなかった。しかも、反撞（反動）が大きくなるのは仕方がないといった但し書きがついた。機関部はもうこれ以上改良の余地がないことは明らかだった。それほど三八式は完成された小銃だったのである。

一九三〇年代の半ばから、列国は来るべき新しい戦争に備えて、新型の兵器の開発に熱心だった。その中で、わが国は一九三七（昭和一二）年から中国と本格的な戦争状態にあった。そのため、新型の、より威力があり、生産も容易な兵器を追求していた。何より困っていたのはドイツ式装備が多かった中国軍のマウザー系七・九二ミリ弾に、わが六・五ミリ弾が「撃ち負ける」という現場からの声だった。装薬量が多く、重量もある中国軍の七・九二ミリ徹甲弾に、近距離では日本軍戦車の装甲が撃ち抜かれた。

新型の小銃は、一九三九（昭和一四）年に制式化されたので、皇紀二五九九年の末尾をとって九九式小銃と名付けられた。全長を短くした騎銃は計画されなかったので、「小銃」と制式名がつけられた。

九九式小銃には長さが二種類あった。

長い方は三八式とほぼ同じ長さ（一二七二ミリ）で、短い方は一一五ミリ短くなった（一一一七ミリ）。これを長小銃と短小銃と俗にいうが、正しくは短い方こそが九九式小銃である。

生産数は前者が約三万八〇〇〇挺、後者の短小銃は同二三二万挺で合計は二三五万挺あまりとなり、三八式と比べるとその生産数は六割ほどである。

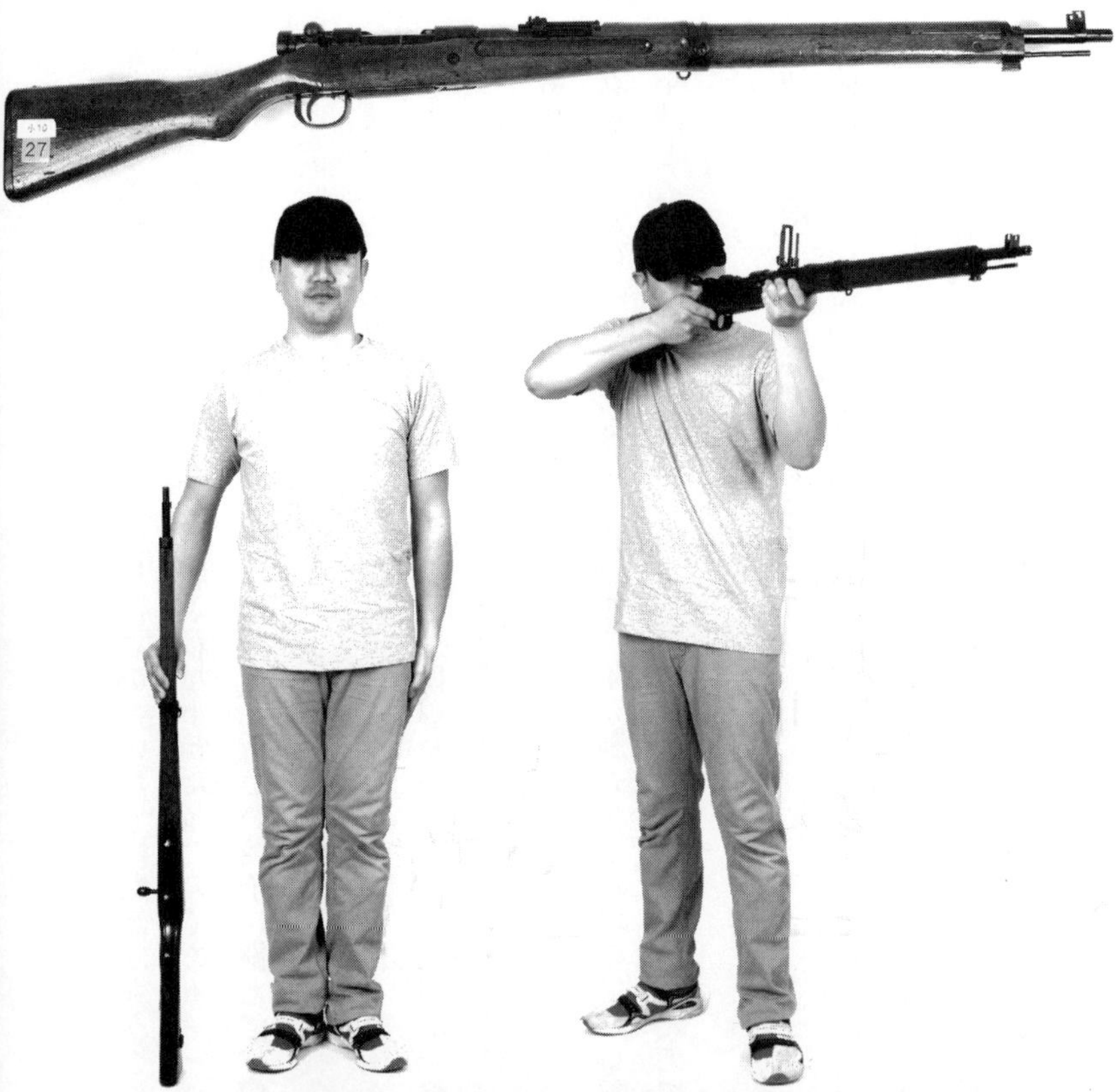

99式小銃。ほとんど完成の域に達していた38式歩兵銃の後継として、7.7ミリに増口径化された小銃。前期型には単脚がつき、照準がしやすくなっていた。また対空照尺を付けたのは、92式銃実包の焼夷弾、徹甲弾も使う構想があったからという。

三八式は三五年間も製造が続き、それに対して九九式はわずか五年間である。戦時にいかに対応して全力を挙げたかがよくわかる。もっとも大東亜戦中の混乱の中で、初期型と中・後期型ではその製品のレベルがずいぶん異なる。わが国の国力の貧しさと戦いの激しさがしのばれる（数字は須川薫雄『日本の軍用銃』

による）。

九九式小銃のカタログ・データは次の通り。（　）内の数字は三八式歩兵銃である。

全長一一一七ミリ（一二七六ミリ）、銃身長六五七ミリ（七九二ミリ）、重量三・七キログラム（四キログラム）、最大幅五一ミリ（五〇ミリ）、照尺はラダー式（梯子状の照尺を起てて射距離に合わせて照門を上下にスライドさせる）で、四〇〇～一五〇〇メートル（三〇〇、スタンド時四〇〇、スライド五〇〇～二四〇〇メートル）、装弾数五発（五発）である。すぐにわかる三八式との違いは、短く軽くなったことだ。この三〇〇グラムの軽量化は、担いで歩く兵士にとっては、ひどくうれしいことだった。長い行軍では「紙一枚でも捨てたかった」「進撃路の途中に五発ずつの実包がたくさん捨てられていた」などという証言もある。

対戦した米軍のM1ガーラ

99式小銃。製造されたこの銃には２種類あった。38式とほぼ同じ長さの「長小銃」と「短小銃」である。38式と異なり、ガス抜き穴が１つになった。

ンド小銃は、口径七・六二ミリ、全長一一〇八ミリ、銃身長六一〇ミリ、重量は四・三七キログラムである。

九九式小銃を三八式歩兵銃と並べてみると、九九式の頑丈さが目立つ。もちろん増口径のおかげである。前脚（折り畳み式、単脚）がつき、航空機を撃てるように高射用の照尺がある。用心鉄（トリガーガード）が大きく、やや角ばった印象がある。弾倉底板を外した時になくならないように、前端は軸でとめられている。

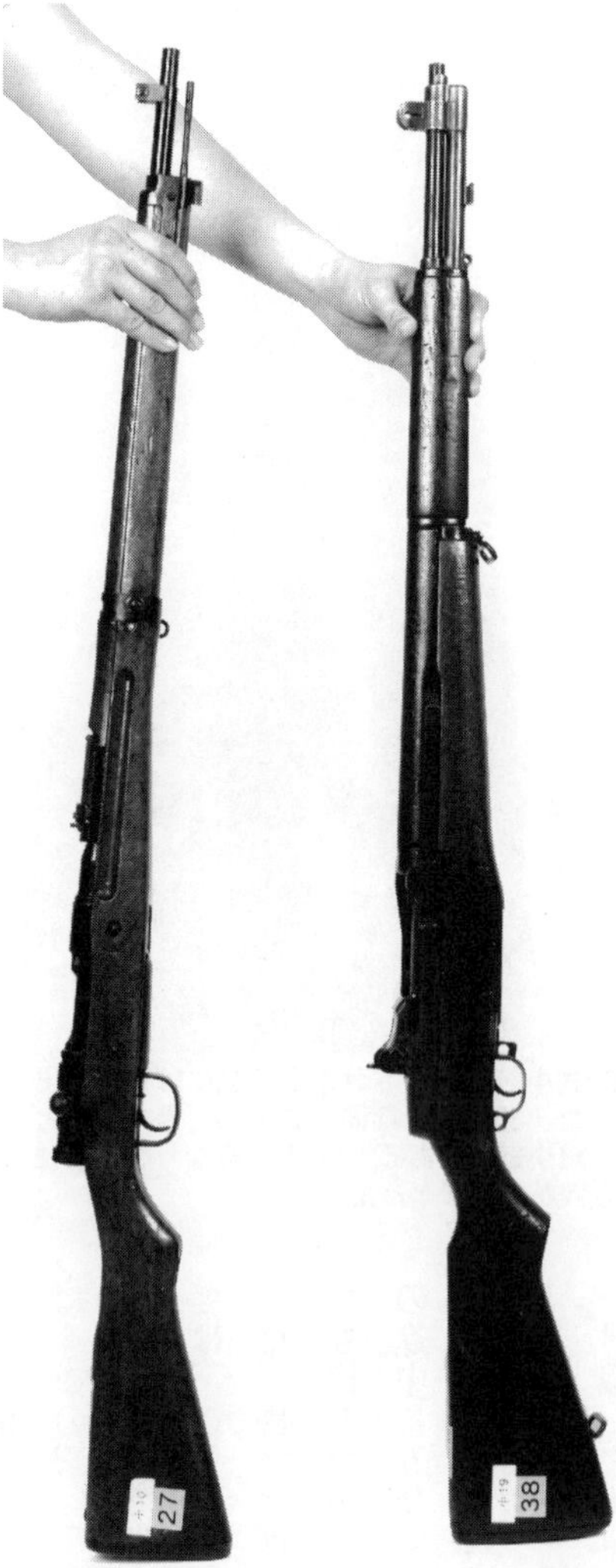

99式小銃（左）とM1小銃。ほぼ同じ長さになった日米両軍の主力小銃。M1小銃が8発の実包クリップを入れ、自動装填機能もあるので機関部が大きく見える。

強い反動に悩んだ九九式小銃

この帝国陸軍最後の制式小銃が、半自動式（セミ・オートマチック）を採用しなかったことを、あたかも当時の陸軍の後進性を表すというような批判がある。三八式歩兵銃でも説明したが、あらためて述べておこう。まず、戦場で使う兵器は、構造が単純で、「武人《ぶじん》の蛮用《ばんよう》」に耐えることが必要だった。

埃が舞う中で、泥の中で、ろくに手入れがされなくても、多少の不具合が出ても、野戦ではまずまず使えるということが兵器の必要条件だった。半自動式の機構に必要な部品を製造し、その精度を保つことは当時のわが国の技術力では難しかった。技術的に完成された域にあった三八式歩兵銃は、世界でも一流の簡易性と強度を誇った小銃である。それよりもさらに部品数を減らし、取り扱いを容易にすることなど、まずできない相談だった。

さらに銃のコストだけでなく、それに付帯する部品、手入れ用の装具、性能を保持するための油などの生産・供給がネックだった。弾薬、付属品、そのほかどれをとっても手動式に比べて半自動式には多くの量が必要だった。

しかも教育・訓練、戦術などの改定も必要である。要するに、国家の総合力が問題の根底にあった。

ただし、日本軍らしい丁寧な仕事もあった。すでに中国での長い戦いでの経験から、銃腔内部の傷みが激しいことを知っていた兵器開発技術陣は、世界でも珍しいクロームメッキを採用した。銀色に輝くメッキのおかげで、戦場での手入れも楽になり、銃の寿命も大きく延びたのである。

また、射撃姿勢によって活用できる単脚（モノポッド）を銃の前部に付けた。対空照尺も、低空飛行する敵機を射撃できるようにする工夫だった。一個中隊二〇〇挺の小銃が撃ち上げる七・七ミリの対空弾幕の威嚇効果を軽く見ることはできない。

新しく制定された九九式実包は、九二式重機関銃のそれを原型にして開発された。小銃用に装薬を減らし、薬莢の縁を半起縁（セミ・リムド）から無起縁に変えた。弾丸は四種類である。それぞれの区別は弾と薬莢の間に色がつけてあったから間違えることはない。赤（普通弾）、黒（徹甲弾）、緑（曳光弾）、そして紫（焼夷弾）である。ただ、実戦での使用記録などはほとんど見られない。どんな場合に、どのような目的でこれらが使われたか、兵士たちの記録にも残っていない。これまでの研究では、そうした細かい事実に関心が向けられることはなかったからである。

新しい九九式小銃は増口径と軽量化を追求したために、銃身が十分な長さをもたなかった。だから反動も強烈だった。銃口から出た閃光が大きく、視界を奪われたという体験記も多い。「嫌だなあ、反動が痛いな」と思うと平常心でいられず、どうしても引鉄をガク引きしてしまうという証言もある。

そのせいかどうか、フィリピンで戦った米軍の記録では、三八式歩兵銃の六・五ミリ弾の狙撃兵には悩まされたものの、多く出てくるのは機関銃の話題ばかりである。一方、兵站関係者の思い出には、敗走中に森の中の道路の道端に木箱に入れられたまま山積みにされた新品の九九式小銃を見たという人もいる。やっとの思いで海を越えた兵器も、揚陸してからの運搬手段もなく放置されていた。補給能力とは、最前線の末端まで物資を届かせられることをいう。

互換性のない同口径弾

新しく制定された弾薬を「九九式七・七粍実包」という。先に開発された九二式重機関銃に使う九二式七・七粍実包とはまったく異なるものだ。まず、弾頭の重さが違う。小銃用は一一・八グラム、これに対して重機関銃用は一三・〇グラムもあった。元は航空機搭載用八九式旋回機銃弾薬である。装薬も小銃の二・八グラムに対して二・九三グラムだった（ただし普通弾）。何よりいちばん大きな違いは、小銃用は無起縁（リムレス）で機関銃用は半起縁（セミ・リムド）になっていた。

一九四〇（昭和一五）年三月の兵器生産実績数字がある。九九式小銃は四〇年初めの三か月間の生産が三万八〇〇〇挺、平均すれば一か月にようやく一万三〇〇〇挺くらいだった。前年の三九年では五三万挺をつくった。軽機関銃も三九年いっぱいで旧式の十一年式を一万一五〇〇銃、同じく九二式重機関銃は一万三二〇〇銃つくられたが、四〇年は三月までで一〇〇〇銃の生産にとどまった。

戦時生産品

一九三七（昭和一二）年からわが国は軍需動員を本格的に始めて、一九四一（昭和一六）年三月までの四二か月間の実績が数字で残っている。三八式歩兵銃が六三万五八七五挺、三八式騎銃が一六万四七三八挺、四四式騎銃は一万三三八四挺、十四年式拳銃四万一四六五挺、軽機関銃（九六式、十一年式）二万七〇〇一挺、八九式重擲弾筒三万二九四〇箇、九二式重機関銃一万四四四銃、九二式車載重機関銃三三九一銃、九二式歩兵砲一一三六門、九四式三七粍速射砲一二九三門、四一式山砲（歩兵聯隊用）七二七門というものである。

一方で中国と戦いながら、新しい装備を開発して生産もしなければならなかった。損耗分の補充も必要である。陸軍は軍需予算の四〇パーセントを支那事変の戦費とし、六〇パーセントを軍備充実に回すとした。それにしても「国防の台所」は貧しい限りだったと元陸軍中佐で日本陸軍に関する著作も多い加登川幸太郎氏は書いている。（『陸軍の反省（上）』）

大東亜戦争の開戦二年目の一九四二（昭和一七）年には陸軍の兵器材料は不足してきた。翌四三年秋頃から製造された粗製の九九式小銃は「戦時小銃」といわれるものになった。単脚（モノポッド）と高射照尺が省かれ、槊杖も短くなった。銃床の木部の材料も低下し、機関部の金属部分も切断面がざらつき、塗装も黒錆染めではなく塗料でされるようになった。四四年夏頃には、この粗製がいよいよ末期的になってしまう。照尺は固定で環穴型、照星座もなくなる。槓桿の先も丸みがなく、角ばっ

ビルマ戦線で出撃前の軍装検査を受ける日本兵。密林に分け入るためにノコギリを持ち（手前）、11年式軽機関銃が見える（右から3人目）。隣の兵士は鹵獲品だろうかアメリカ製のトンプソン・サブマシンガンを持っている。

ている。こうして九九式小銃はまったく元の姿を失ったといっていい。

なお、陸軍は一応、旧来の六・五ミリ系の装備をする部隊（三八式歩兵銃、九六式軽機関銃、九二式重機関銃）は主に中国戦線で運用することとし、対ソ連戦用の優良装備師団や、南方進攻を予定する師団には七・七ミリ系の部隊をあてるように計画していた。

したがって、満洲の孫呉《そんご》に長く駐屯した第一師団は、九九式小銃、九九式軽機関銃、九二式重機関銃を装備したはずである。だからフィリピン戦を描いた大岡昇平は『レイテ戦記』の中で、「三八式の銃声と七五ミリ野砲のひびきを再現したい」と書いたが、本当は九九式の七・七ミリの銃声もこだましていたに違いない。

戦後、九九式小銃はアメリカ軍の手によって、米軍規格のM2型30-06弾が使えるように改造され、朝鮮戦争中の韓国軍に支給された。九九式の実包口径は七・七ミリであり、三〇口径弾は七・六二ミリだった。直径が異なるばかりか、九九式実包は装薬が少なく、実包全長も短く、薬莢も小さかった。東京都北区赤羽の米軍東京補給処で薬室と弾倉を改造し、約一三万三〇〇〇挺が対馬海峡を越えていった。そうして朝鮮戦争終結後には回収された一部が、わが国の警察予備隊に貸与されるという不思議な運命をたどった。

第3章　戦場の主役となった機関銃

空冷ホチキス機関砲と三八式機関銃

空冷式か水冷式か？

多弾速射とその連続性を身上《しんじょう》とする機関銃にとって、銃身や機関部の冷却はまさに最大の課題だった。過熱した銃身は内部が焼け、腔綫（ライフリング）もつぶれ、銃身が膨張したり曲がったりもする。さらには弾薬が詰まっている薬室にまで過剰な熱が及ぶと、勝手に発射が続いてしまう。引鉄をゆるめても連発が止まらないのである。

銃身冷却の一つの方法は、空気にふれる銃身部分の面積を広くし、放熱効果を上げる空冷である。

このためには銃身に鰭《ひれ》をいっぱい付けた。冷却フィンといった方がわかりやすいだろう。伝導された熱は表面から空中に逃げようとする。銃身の基部が太く見えるのはそのためである。空冷式はフランスのホチキス社が得意とした。

空冷に対して、銃身を水槽（ウォーター・ジャケット）で包んで、ラジエーターをつけて水を循環させて冷やそうとしたのが、英国ビッカース社のマキシム機関銃である。外見は太い円筒形の水タンクの中から銃口が突き出しているように見えるから、空冷とは区別が容易である。

技術的には一長一短で、どちらがいいかは総合的に考えた方がいい。兵器にとっては、その運用方法によって評価が決まることが多い。水冷は水の確保に苦労し、重量も当然大きくなり、野戦では機動性に劣る。さらに寒気の中では盛大に水蒸気と湯気をあげてしまうため、目立ってしまう。空冷はその点、水の確保や補充はいらない。しかも大きな水タンクも不要で、軽量化できる。

わが国は一八九〇（明治二三）年に英国のビッカース社から水冷マキシム機関砲（当時は「砲」と表記した）二門を購入した。口径は〇・三〇三インチ（七・七ミリ）の英国規格である。

作動方式は、世界で初めてのショート・リコイルという反動利用式だった。

この機構は、銃身の後ろをふさいでいるブリーチブロック（遊底あるいは活塞《かっそく》）と銃身に「噛み合わせ」をつくり、一瞬だけブリーチブロックと銃身が発射反動でいっしょに後退するようにしている。こうしないと銃身の中で加速中の弾丸が途中で止まったり、まだ銃身圧力が高いうちにブリーチ

ビッカース水冷マキシム機関砲。1912年に採用された英国軍の水冷式機関銃。全長は110センチだったが、全備重量は約50キロにもなり、発射反動を十分受け止めて安定した射撃ができた。冷却用水は4.3リットル、銃口近くの下に見える口からコンデンサー（復水器）に水が循環した。（Tokoi/Jinbo）

ブロックが開いて射手も周囲にも危険だからである。

現在でも自動装填式の拳銃にはこの機構が使われている。ただし、この噛み合わせの機構の製造と調整には高度な技術を必要とした。

一八九三（明治二六）年、陸軍は英国のビッカース社にさらに四門のマキシム機関砲を発注した。これら輸入品を参考に、徹底的にコピーして東京砲兵工廠で二〇〇門を生産した。これをマキシムから名前をとって「馬式《ましき》機関砲」といった。全長は一〇九二ミリ、銃身長七二一ミリ、重量三七・七キロ、初速五五〇メートル／秒、装弾数二五〇発（布製弾帯）、発射速度五〇〇発／分というものである。弾薬は村田連発銃と共通の口径八ミリである。

うまく動かなかった水冷「馬式機関砲」

しかし、この国産コピー機関砲の作動は快調とはいえなかった。しばしば故障を起こした。射撃中に薬室から撃ち殻薬莢を抽筒子（エキストラクター）が引き出そうとするが、薬莢がちぎれてしまう。薬室の中に薬莢の上半分が貼り付き、連発できない。それは、部品の工作精度の問題であり、素材の質、加工技術の未熟さが原因だった。

製造公差（許容誤差）が一〇〇分の一ミリという精度の部品をつくろうとしたら、それを加工する工作機械は当然、一〇〇〇分の一ミリの精度でつくられていなければならない。兵器の各部品は密着しなければならないし、同時に摺動《しゅうどう》（こすれながら動く）という機能も要求される。火薬ガスを密閉し、熱で膨張した金属製薬莢をスムーズに薬室から引き出すことができなくてはならない。

薬室と弾薬の設計を図面上で描けても、それを三次元化して組み立てるとさまざまな不具合が起きた。当時のマイクロゲージでは測れない、目に見えないテーパー（先細りの形状）、大きさや厚みの違いがあったのである。

この工作機械の精度の低さの悩みは、陸軍が敗亡するまで続いてしまう。大阪・東京の両砲兵工廠ですら、外国から中古の工作機械を安価に輸入するのがふつうだった。そのことは『偕行社記事』の中でも造兵将校のトップ南部麒次郎中将が語っている（第七五四号、昭和一二年七月）。「器械一台の単価が、外国では新品が数千円したものを、わが国では二〇〇円とか三〇〇円以下で中古品を輸入していたのである。これではとても欧米並みの仕上げなどとうていい望むべくもなかった」

空冷「保式機関砲」の採用

フランスのホチキス社の機関砲は空冷だった。一八九六（明治二九）年に完成品を輸入し、九九年から国内で生産を始めた。『陸軍兵器変遷の回顧』（『偕行社記事』第一〇四号）によれば、日露戦争の開戦時には「保式《ほしき》（ホチキス）機関砲」を二〇二銃保有していたという。しかし、歴史学者の大江志乃夫氏がいうように、当時の機関砲は要塞の防御兵器であり、したがって厳重な機密保持のせいで、その正確な数量は不明である。

自動装塡、排莢、連発の仕組みは馬式（マキシム機関砲）の反動利用式に対して、発射ガスを利用する「ガス圧利用式」だった。銃身の中では装薬が燃えてガスを発生する。ガスは膨張している。その一部を使って遊底を動かす。この時、マキシムのショート・リコイル式と異なり、ホチキスの銃身は動くことがなかった。銃身の真ん中ほどに小さな穴が空けられ、銃身の下にある筒にガスが誘導される。そのガスが筒の中にあるピストンを強く押す。このピストンは銃弾が銃口を出た時に初めて遊底が動くようにしていた。

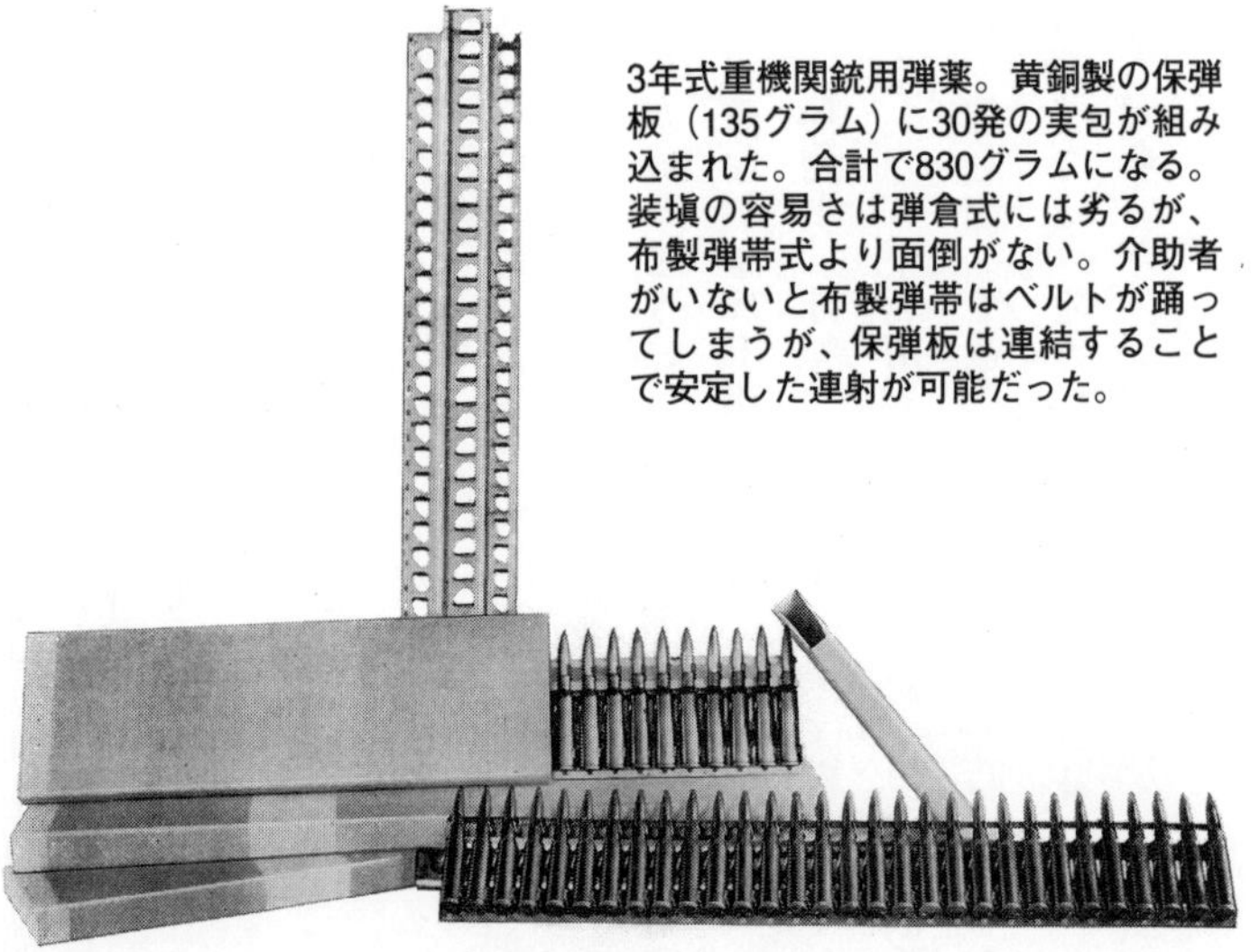

3年式重機関銃用弾薬。黄銅製の保弾板（135グラム）に30発の実包が組み込まれた。合計で830グラムになる。装塡の容易さは弾倉式には劣るが、布製弾帯式より面倒がない。介助者がいないと布製弾帯はベルトが踊ってしまうが、保弾板は連結することで安定した連射が可能だった。

給弾方式はマキシムの布ベルト式と違って、保《ほ》弾板《だんばん》という金属製の弾薬三〇発を並べることができる部品が使われた。黄銅（真鍮）製で弾薬をくわえる爪がついている。使い捨てではなく、ゆがんだ爪を修正器で再生して二〇回ほど使えた。保弾板は機関部の左から装塡口に差し込む。三〇発ごとに終わりというわけではなく、端のフックをひっかけていけば連続発射ができた。

このガス圧利用式が、わが国にとって決定的に有利だったところがあった。反動利用式に比べて、小さな部品の製造公差が甘くてもよかったことである。つまり精度にばらつきが多少あっても大丈夫だったのだ。

技術移転で、最も容易な方法はライセンス生産である。外国企業からライセンスを買い、技術指導を受け、工作機械も治具《じぐ》もすべて購入してしまう。ところが、それには多額の資金を必要とした。幕末維新以来の借金にあえぎ、どうやら日清戦争に勝てた国には、そうした王道を行く甲斐性はなかった。技術的後進国で資源が乏しい国の悲しさはここにあった。

保式機関砲の要目は、全長一〇九二ミリ、銃身長七二一ミリ、重量三七・七キログラム、口径八ミリ、初速五五〇メートル／秒、装弾数二五〇発（布製弾帯）、発射速度五〇〇発／分。

機関砲の初陣―日露戦争南山の戦い

一九〇四（明治三七）年五月二五日、旅順の東方、南山《なんざん》の丘陵地帯のロシア軍陣地に第一師団（司令部東京）が挑みかかった。ロシア軍は南山に野戦築城をほどこし、コンクリートや石でつくられた堡塁《ほうるい》を設け、それらを連絡壕でつなぎ、周囲に鉄条網を張りめぐらしていた。堡塁の銃眼からはマキシム機関砲がわが攻撃隊に狙いをつけていた。その数は一〇門と記録されている。

対してわが機関砲は第一師団に二四挺、第三師団に二四挺、すなわち各歩兵聯隊に六挺ずつ配当されていた。このうち、第一師団の第一機関砲隊二四挺が南山攻撃に加わった。撃った弾数はおよそ七万八〇〇〇発、一挺あたり約三二〇〇発を一日で消費した。

この機関砲隊は急ごしらえのものだった。なぜなら開戦するまで、機関砲を野戦で使うものだとは誰も考えていなかったのだ。まず運ぶのにたいへんだった。重く、大きいため、馬を使うしかなかったが、馬を集めるのに苦労した。わが国の軍馬行政は明治の初めから列国に後れをとり、馬格も小さく、訓練も不十分、しかも国内での飼育頭数も少ないといった状態だったのである。

第一師団に配属された第一機関砲隊の機関砲は徒歩車に積まれ、一挺あたり一万五〇〇〇発、合計三六万発（保弾板に換算すると一万二〇〇〇枚）の弾薬も徒歩車で運ばれた。徒歩車とは内地でいう大八車《だいはちくるま》であり、二輪一軸の人間がひく荷車である。

騎兵旅団に配当されたのは繋駕《けいが》機関砲隊だった。当時の編制では騎兵旅団には固有の火砲はなかった。繋駕機関砲隊はそれぞれ二輪一軸の砲車と弾薬車をトレーラーのようにして四輪二軸にして四頭の輓馬《ばんば》で牽引した。

南山の戦闘報告の第一報が大本営に届いた。「死傷者の数の桁が一つ違うだろう。数百と報告すべきを間違えているのでは……」と参謀たちは信じなかったという。当時少佐で第二軍参謀だった鈴木荘六大将が語っている。死傷三五〇〇人という数字のほとんどは機関銃によるものだった。実際の数字は戦死七四九人、負傷三四五八人の合計四二〇七人である。

参加した歩兵第一聯隊長小原正恒《おはらまさつね》歩兵大佐の手記によれば、「ロシア軍は堅固な掩蓋《えんがい》の下に砂嚢《さのう》を積みあげて銃眼をつくって、狙撃に巧みだった。ことにその機関砲は優良で損害をひどく受けた。わが機関砲小隊は戦線の左翼に集まって交戦したが、器械不良で、その使用法も熟練していなかったので射撃が中断することばかりだった」とのことである。

射撃姿勢が高かった悲劇

ロシア軍は掩蓋付きの陣地にこもり、砂嚢の間からマキシム機関砲の猛射を浴びせてきた。機関砲はその十分な重さにより、その発射反動を吸収して、正確な射弾を送ってきた。小原大佐がいう使用法の未熟というのは、機関砲の構造に原因があった。いまの天体望遠鏡の三脚のように姿勢が高かったのである。射手と弾薬手は射撃中、敵にその全身をさらすことになったのだ。

小原聯隊長の手記の続きを紹介しよう。「敵の歩兵は堅固なる陣地にこもり、精神沈着にして射撃してきた。おかげでわが軍の損害は甚大。それなのにこれを攻撃するわが砲兵はさかんに榴霰弾《りゅうさんだん》の雨を降らすけれど、掩蓋下の敵兵にとっては、屋根の上に雨が降るようなものでしかない。また小銃、機関砲をどれだけ撃とうが、銃眼の中に入るものではない」

榴霰弾とは当時の七五ミリ野・山砲の弾種の一つで、空中で炸裂して前下方にパチンコ玉や拳銃弾のような弾子《だんし》を浴びせるものだった。地上で暴露されている隊列や馬などには大きな効果を上げるが、上部が覆われている陣地にはまるで効き目がない。そうした堅固な堡塁を潰すには、堅い弾頭をもち、内部の炸薬《さくやく》を爆発させる榴弾がふさわしいが、当時の野砲兵が保有する多くは榴霰弾だった。

機関砲どうしの撃ち合いでは、当然、掩蓋下の銃眼から撃つロシア兵が有利だった。しかも、わが機関砲は故障も多かった。

しかし、機関砲を防御的に使うロシア兵に対し、野戦で攻撃に使うというのは、世界初の試みであり、世界中どこの軍隊も未経験だった。

これ以後、機関砲の運搬、陣地構築、展開、保守、弾薬の補充、部隊規模、戦場での用法などについて、他国にさきがけて日本陸軍は研究を重ねた。日露戦争で勝利した一因は、わが先人たちの血と涙の努力の結果だったのである。

のちに第三回旅順総攻撃でも合計八〇挺の機関砲が要塞に突撃する歩兵の掩護に活躍した。開戦二年目の三月、奉天会戦では合計二五六挺になり、五六挺のロシア軍の五倍近い配備数を実現した。ロシア歩兵のしばしばの銃剣突撃を「保式（ホチキス）機関砲」は「薙射《ちしゃ》」で防いだ。薙射とは脚部にある固定用の緊定桿《きんていかん》をロックし、銃身を上下動させずに左右に振り回す射撃法である。まさに薙《な》ぐような撃ち方だった。横一線に広がったロシア歩兵はバタバタと倒れた。こうした用法こそが、まさに火力重視の日本陸軍の象徴だったといえる。

三八式機関銃

機関砲の運搬手段には二つの方法があった。装輪（車輪を二つ付ける）して輓曳《ばんえい》（輓馬で牽引する方式）するのと、三脚架をつけて駄載《ださい》（駄馬の背につける方式）する方法である。戦場では輓曳はとても難しかった。悪路に弱く、すぐに横転をすることで馬も人も苦しんだ。そこですべて駄載式に統一された。

日露戦争で使ったホチキス機関砲を改良した38式機関銃。

保式機関砲の改良も進められた。一九〇七（明治四〇）年六月には機関銃として制式化され、日露戦役の勝利を記念して「三八式機関銃」とされた。陸軍では、これ以降は口径が一一ミリ以下は「機関銃」として、それを超えるものは「機関砲」とすることにした。その諸元は、全長一四四八ミリ、銃身長七九〇ミリ、重量五五・五キログラム、口径六・五ミリ、初速七六五メートル／秒、装弾数三〇発（金属製保弾板）、発射速度四五〇発／分。

三脚架の先には、それぞれ棍棒《こんぼう》を差し込む環《かん》が付いている。ここを持って人力で運ぶのである。上の写真にあるように三脚架は銃を上に載せてクランクで高さを上下できるようにしている。射手が椅子に座って撃つ姿勢はなくなり、匍匐《ほふく》した姿勢で頭だけを上げて撃てるようになった。

しかし、国産ホチキス機関砲と同じように欠陥があった。薬室内で膨張した撃ち殻薬莢が内部に貼り付き、エキストラクターに引っ張られると、薬莢が裂断《れつだん》して、薬室にちぎれた先が残ってしまい連発できなくなるのである。

薬莢は全体が薄いカートリッジ・ブラスという真鍮製で、上部にいくほど薄くなった。この上部が薄くなっていたからこそ広がりやすくなり、ガスを漏らさないようにするのだが、皮肉なことにそのために滑らかに薬室から抜け出てくれないのだ。原因は薬莢の材質と精密工作技術だった。その事故を少なくするために工夫されたのが、「改正型」から採用された塗油《とゆ》装置だった。薬室に装塡される直前の薬莢にブラシで油を塗りつけるシステムである。わが国以外で、この塗油装置を採用したのはイタリア陸軍だけである。

三年式重機関銃の開発

機関銃は戦場で頼りになった

防衛研究所所蔵の『明治三七・三八年戦役死傷別統計』によれば、歩兵の戦死者の八三・一パーセントは銃創、つまり機関銃や小銃で撃たれた。戦闘は野戦と要塞戦に分けられるが、野戦では一一万三五五九人（八四・四パーセント）が銃弾に倒れ、砲弾創は一四・二パーセント、白兵創はわずか一パーセント、爆創（地雷や手投げ弾など炸裂する爆発物による創傷）は〇・四パーセントにしか過ぎなかった。要塞戦でも、銃創が六七・七パーセント、砲創は一二・三パーセント、爆創が八パーセント、白兵創にいたっては〇・八パーセントにしかならない。

歩兵にとって機関銃は頼りになる。撃たれれば、発射音がしている間は誰も頭を上げられなくなる。味方の機関銃が掩護にまわれば、勇気も百倍になったと経験者の手記にある。逆に味方の機関銃の発射音がなくなると、士気は下がり、指揮官の声に応じて前へ進もうとする者もひどく少なかったという。

戦争中、砲弾はいつも足りなかった。榴霰弾がいくら敵陣に降り注いでも敵の掩蓋はつぶれない。効果があった榴弾は生産数も少なかったし、配付する割合も榴霰弾の方が高かった。ただし、機関銃弾が足りなくなることはなかった。小銃弾と共通だったし、機関砲隊は独自の弾薬馬を持っていたから補給が滞ることもなかったのである。

一九〇四（明治三七）年六月の「得利寺《とくりじ》」の戦闘では、第一騎兵旅団の第一繋駕機関砲隊が二三〇〇メートルの距離からロシア歩兵の密集縦隊に対して射撃を開始した。これは世界で初めて行なわれたことだった。

当時、陸軍歩兵戦術の訓練・教育を行なったのは戸山学校（現東京都新宿区）だったが、敵前二〇〇メートルでは密集隊形で前進し、決戦射撃距離を同五〇〇～六〇〇メートルとする戦法を守らせていた。ところが、一〇〇〇メートルに近づくとロシア軍が機関銃で射撃してきた。『日露戦史』によれば、歩兵第四二聯隊（山口県）は敵前一二〇〇メートルで疎開隊形をとるしかなかったと報告されている。実際に一五〇〇メートル以内では、機関銃の有無が勝敗に大きな影響を与えていたのである。

また、連続発射による弾薬の消費が大きいのではないかという声に対して、戦場心理から説明があった。「敵が前進してくると歩兵銃手の緊張と動揺は大きくなってくる。まず、小銃は当たらなくなり、その点、冷静な器械である機関砲は照準にすぐれ、結果的に無駄弾は少なくなる」と説明された。（『日露戦史』）

ただ、ホチキス機関砲を改良した三八式機関銃は故障が多かった。同時に、冷却能力が不足しており銃腔内の摩耗がひどく、銃身の命数が一万発ほどしかなかった。そのまま使い続けると弾着はちらばり、命中精度がひどく落ちた。こうした欠点を克服する機関銃の開発が検討された。

大きく外観も変わった三年式

新しく開発された三年式重機関銃には、三八式機関銃にはなかった銃身にも放熱用の細かい筋状のフィンがついた。左から保弾板が差し込まれ、重厚な発射音がする。味方にとってその「ドッ、ドッ、ドッ」という音はたいへん頼もしかったとされている。

太平洋戦線の米軍からは、その発射速度の遅いことから、「ウッドペッカー（啄木鳥《きつつき》）」とからか

３年式重機関銃。南部麒次郎の設計の真骨頂ともいわれる。30年式、38年式小銃弾と同じ実包を使う。大正時代の軍縮で配備数も少なかったが、海軍陸戦隊では長いこと使われていた。

われたというが、その威力についてはかなり恐れられていた。それはアメリカ軍のブローニングM２重機関銃（五〇口径一二・七×九九ミリ、弾頭重量四二グラム）の総重量五八キログラムに匹敵する五五・四キログラムの重い機関銃から、三分の一の重量の九二式普通実包（七・七×五八ミリ、弾頭重量一三・二グラム）を発射するので反動が極めて軽いこと。そして遅い発射速度は命中精度を高めるためであり、これに光学照準器まで備えた高精度な自動遠距離狙撃銃だったからだ。

機関銃は火砲と違って、まだ銃身内部の腔圧がひどく高い時に薬莢を引き出さねばならない。スムーズに装塡、撃発、抜莢、蹴り出しを行なうには、薬室や遊底まわりの微妙かつ精密な形状、寸法に仕上げる工作が必要である。なかでも薬室経始（テーパー）とヘッドスペース（頭隙《とうげき》）が決め手になった。

薬室に弾薬が入って、ボルトで押さえられる。弾薬は後退も前進もできなくなる。薬莢のある部分が薬室内部の狭くなる部分につっかえて前進できなくなるのだ。この時に薬莢が薬室につっかえている位置と、弾薬を押さえているボルトの先端（ボルト・フェイスという）との間隔、距離のことをヘッドスペース（頭隙）という。

この頭隙には、微妙な公差、つまり「ゆとり」が設けられる。このゆとりがまったくないと、砂塵などが入ると遊底は完全に閉じ切らない。無理に閉じれば、腔圧が異常に高まって銃身や機関部が破裂することもある。逆にゆとりがありすぎると薬莢の底に付けられた雷汞に撃針が届かない、または打撃力不足で撃発できない。そして連続射撃で高温になった薬室内では薬莢が膨張し過ぎて、薬室に貼り付いてしまう。

薬室のテーパーと弾薬のヘッドスペースが、なめらかな作動に大きく関係することがわかるのは、まだだいぶん後のことである。

陸上自衛隊富士学校（静岡県小山町）に作動可能な三年式重機関銃がある。口径六・五ミリ、全長一二一〇ミリ、銃身長七六二ミリ、銃本体重量二六・六キログラムで、三脚も付けた銃全備重量は五五・四キログラム。銃のカバーは牛革製で銃全体を覆うことができた。その重量は一・三キログラムである。

伏射《ふくしゃ》姿勢で高さが三七五ミリ、膝射《しっしゃ》姿勢では五五五ミリ。また三脚架の先は「棍《こん》」を差し込む環があり、前方に二本、後方に一本の脚がある。「後棍《こうこん》」は重量二キログラム、後部の脚に差し込まれるとU字の形になり、二人で持つことができ、合計四人で「臂力搬送《ひりきはんそう》」できた。

　三年式重機関銃には装薬を減らした専用実包があった。三八式実包の装薬二・一四グラムを二・〇五グラムに減装することで、後方への反動を減らし、ガス量もまた少なくしたのだ。これではせっかくの威力も小さくなり、弾の低伸性《ていしん》も損なわれたのだが、おかげで薬莢がちぎれるような事故も少なくなった。また実用上の制限、二〇〇発／分を守っていれば銃身交換の必要はなかった。

　薬莢の断裂によるジャム（作動不良）を防ぐ解決策は「塗油《とゆ》」である。保弾板挿入口の上部に油壺と塗布用のブラシをつけた。蓋状（前方に軸がある）の板を上げると、短い獣毛のブラシがみっしりと植わっている。実包は密着してこの下を滑るから薬莢にきっちりと油を塗ることができた。

３年式機関銃の左側の装填口の上部を持ち上げると、日本軍重機の特徴である薬莢に油を塗る装置が見える。左に見える蓋を外してオイルを入れ、黒ずんでいる四角形のブラシを使って塗油した。

　引鉄は、のちの九二式重機関銃の左右の親指で押す「押鉄《おしがね》」式と違って、左右の人差し指で引く。銃尾には二本の木製の左右同形の把握部があり、縦の長さは一二〇ミリ、間隔も一二〇ミリで当時の兵士の手の大きさに合っていたのだろう。

照準装置は銃身の右側にずれている。照尺は遊標《ゆうひょう》（可動式の標尺）を前方に滑らせていくと上へ持ち上がる。これは接線方式あるいはタンジェントサイトともいう方式である。照尺は二二〇〇から三〇〇メートルまで、縦一〇〇ミリの板の左右に数字が刻まれていた。

銃身交換は銃身基部を覆う環をゆるめることで、銃身を脱着できた。放熱筒部のフィンは二五枚もある。また外部に露出した銃身にも細かいフィンがあり、工作の細やかさを感じさせる。

機関部左側の保弾板挿入口には転輪部分（ローラー）がある。銃尾下部の槓桿を右手で手前に引くと、ローラーが下りてくる。左側の排莢口が同時に開く。また活塞《かっそく》（オペレーティングロッド）が後退し、銃身の下にある活塞筒（チェンバー）から顔を出した。油缶には三〇〇グラムほどの油が入れられており、二〇〇〇〜三〇〇〇発の実包に塗油できた。実包の送りは、組み合わされた板が活塞の運動により横に動く往復送り（シャトル）様式であり、ホチキス機関砲のような歯車式とちがっていた。

連発できる狙撃銃

三脚架に装着されている機関銃は前面に付いている直径一二センチの転把《てんぱ》（円形ハンドル）を回す

ことで高さが調節できる。左右の振りは右手で方向緊定桿《きんていかん》というレバーを上に上げると自由に動いた。角度は六〇度までの刻みが鉄板に付けられている。レバーを下にすれば固定される。銃口の上下も機関部左側の緊定桿を操作することで角度が自由に選べた。

この優れた固定機能が三年式機関銃を「連発できる狙撃銃」にし

❶

❷
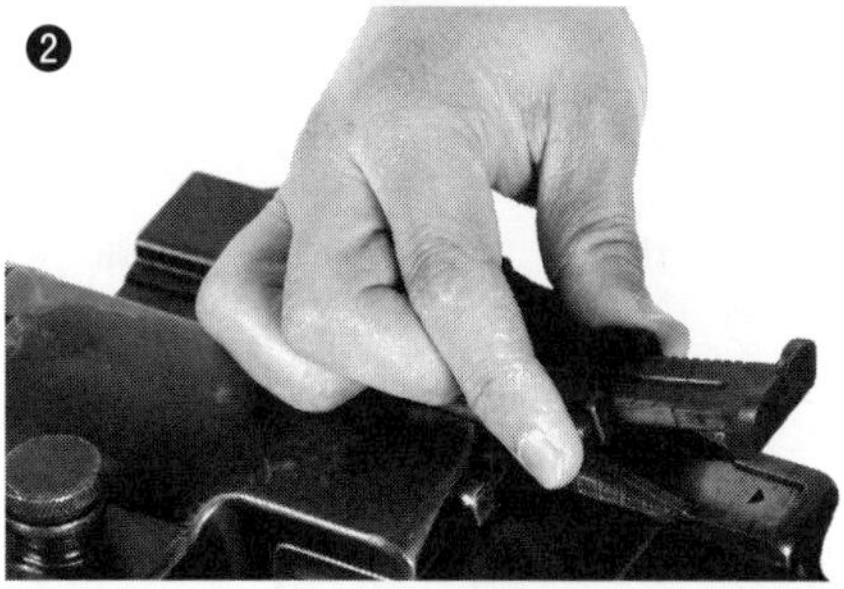
❸
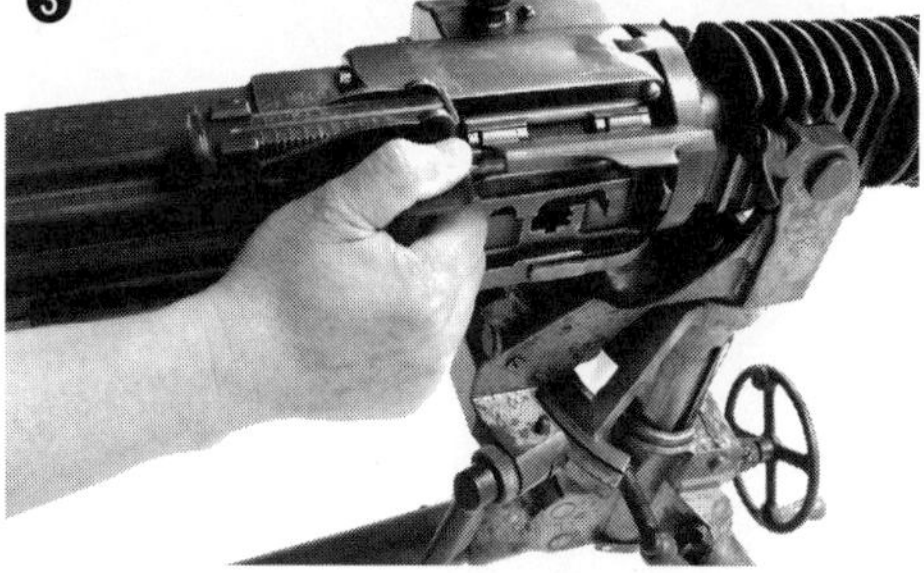

❹

３年式重機関銃の操作。❶銃を固定する緊定桿を固定する。❷機関部右側の照準装置は可動式の遊標で、射撃距離を合わせる。❸槓桿を引くと弾薬の挿入口と排莢口のカバーが同時に開く。❹引鉄はのちの92式重機関銃の「押鉄」と異なり左右の人差し指で引く「引鉄」である。

たという。上下も左右も固定された機関銃は連続発射しても、その発射反動はすべて重量が引き受ける。理論上、弾道はすべて同じで、弾着は一点に集中するはずである。ところが、実際はそうはならない。

なぜなら弾薬ごとに、工場での装薬の充填量の微妙な違いや、燃焼速度の差があるからだ。また射撃を重ねることで銃身は熱せられ、微妙な変化がある。そのため連射すれば、まるで網をかぶせるように左右縦横に被弾面が広がったのだ。六〇〇メートルの射距離では、弾着パターンが広がる散弾銃のように敵を捉えるわけだ。（兵頭二十八『たんたんたたた―機関銃と近代日本』）

よく「命中率がよい」とか「あの銃は当たらない」というが、専門的には「半数必中界」という言い方をする。無風で好天の中、優秀な射手が撃った際の射撃弾数の半分が着弾する範囲を「半数必中界」という。着弾範囲を一つの円と見立てたその直径である。また「公算躱避《こうさんたひ》」というのは、その半径をいう。もし着弾範囲が統計でいう正規分布をするならば、この公算躱避の八倍を直径とする円内にすべての射弾が入るということになる。

三年式重機関銃の公算躱避は二〇〇〇メートルで左右二〇〇センチ、上下で四五八センチだった。つまり左右で一六メートル、上下方向で約三七メートルの円内にすべての射弾が入ることになる。また一五〇〇メートルでは、同じく公算躱避の考え方では、射弾は縦一四メートル、幅一〇メートルの範囲に散らばった。

数百メートルといった中・近距離では、発射反動を機関銃の重量が吸収し、圧倒的な集弾力を見せ、遠距離では狙ったところの周囲に弾がばらまかれたのである。

「貧国弱兵」

明治末期から大正、昭和初期のわが国は「貧国弱兵」だった。そう著作に書いたのは中原茂敏《なかはらしげとし》陸軍大佐である。大佐は陸士第三九期生、砲工学校高等科から東京帝大工学部の員外学生として学んだ。少佐からは軍務局軍事課員、大本営兵站総監部参謀、企画院調査官、敗戦時には第一五方面軍参謀として軍歴を閉じた。主に後方兵站関係の担当者だった。

一九八九年に『国力なき戦争指導』という本を出した。帝国陸海軍の戦争計画が場当たり的であること、組織の欠陥などを鋭く説いている。その中に明治以来の「富国強兵」の真反対の実態を表す言葉として使われたのが「貧国弱兵」だった。それを具体的に見てみよう。

一九〇七（明治四〇）年から一一年までの五年間の合計で、陸軍予算は五億七〇〇〇万円、海軍は四億円だった。一九一一年の単年では陸海軍それぞれ約一億円。国家予算全体のおよそ三六パーセントほどである。

第一次世界大戦の結果を見て、海軍は八八艦隊（八隻の戦艦と八隻の巡洋戦艦）という大主力艦隊を建設しようと考えた。一九二〇（大正九）年に初めて予算化され、大正一六年に完成させるということだった。一九二七（昭和二）年には軍事費が四億九一〇〇万円、内訳は陸軍二億一八〇〇万円、海軍二億七三〇〇万円で、総国家予算の二八パーセントを占めて、国民所得比の四・二パーセントとなっていた。

ところがわが国の工業生産の内訳を見ると、重工業国家への道のりはまだ遠かった。重工業対軽工業の生産額の比率は、明治四〇年に三三：六七、大正末年に三七：六三、昭和七年にようやく四五：五五になった。鋼材生産量も、明治の末には二〇万トン、大正半ばに六〇万トン、昭和初めには一五〇万トンと伸びてはいたが、まだまだ欧米並みとはとてもいえなかった。

平時陸軍部隊の編制に機関銃隊を初めて入れたのは一九一七（大正六）年のことだった。一個歩兵聯隊に一隊（六銃）ずつの配当である。師団は二一個、歩兵聯隊は四×二一＝八四個と台湾駐屯歩兵二個聯隊の合計八六個である。歩兵聯隊は三個大隊（各四個小銃中隊）の合計一二個小銃中隊に一個の機関銃隊を増やすことになった。

ただし、経費不足で年に九個隊しかつくれなかった。大正一五年度までの一〇か年で改編する計画である。配備される銃種は当初は三八式機関銃、大正八年からは三年式重機関銃が配当されるようになった。また、軽機関銃の採用がされるようになってから、機関銃は携帯式の「軽」、半固定式を「重」というようになった。

輸出もされた機関銃

前述したように、わが国には泰平組合という兵器輸出団体があった。一九〇八（明治四一）年六月、三井物産、大倉商事、高田商会という三つの会社が共同出資して設立した会社である。

泰平組合は、まず余剰兵器、続いて新兵器についても輸出を目指した。日露戦争後には多くの新兵器が制式化された。「三十八」という年式がついたものがそれらにあたる。歩兵銃、騎銃、野砲、一二糎《センチ》榴弾砲、一五糎同、一〇糎加農《カノン》などである。ということは三十年式歩兵銃や騎銃、三十一年式速射野砲、同山砲などは払い下げが可能になった。当座の輸出は清国に指向された。清国は長い間、ドイツとの付き合いがあり、国内情勢が不安定のため、いつも兵器が不足していた。そのドイツ製兵器の牙城に、果敢に挑んだのが泰平組合だったといえるだろう。

この泰平組合が海外向けに作った英文のカタログがあった。それを和訳復刻したのが、宗像和弘、兵頭二十八両氏による『日本陸軍兵器資料集―泰平組合カタログ』である。そこから三年式重機関銃についての記述を見てみよう。

弾薬箱は歩兵用の甲と騎兵用の乙があった。甲は保弾板入りの紙函が一八個、五四〇発入った。乙は二五個入りで弾数七五〇発になる。真鍮製の保弾板は一三五グラムで、弾薬三〇発とともに紙函に入れると八三〇グラムになった。したがって甲に入る弾薬の重量は一四・九四キログラムである。木箱の重量と合わせて一九キログラム。この四箱を駄馬の背に載せた。

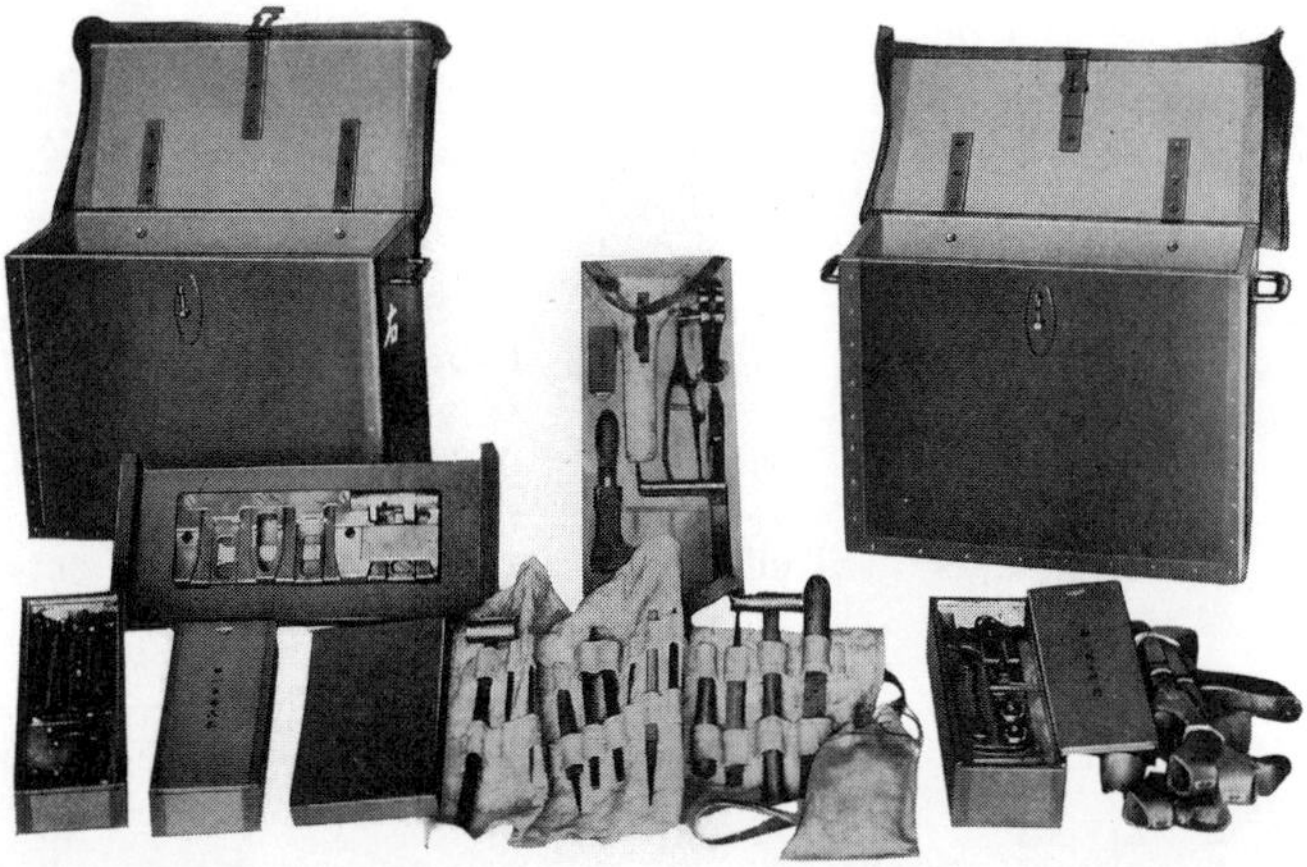

３年式重機関銃の器具箱。2箱1組で、機関銃1個中隊6銃に1組配備された。（『日本陸軍兵器資料集』より）

運ぶ箱はさらにあった。属品匣《ぞくひんこう》という。分解器、スペアパーツ、工具、洗桿《せんかん》などを収め、重量五・七五三キログラム。これは一個分隊（一銃）ごとに配付された。

さらに大きい器具箱があった。一個機関銃中隊に一組である。したがって六銃で共同使用する。歩兵隊用の甲、騎兵隊用の乙があり、左右二個で一組とした。左箱の入組品《いりくみひん》は保弾板修正器、万能ハサミ、万力《まんりき》、金剛砥《こんごうし》（研磨用のザクロ石の粉末を固めた）などの工具類。それに脂肪缶三個（ワセリン一三〇〇グラム、複合脂六五〇グラム）、油缶五個（常用鉱油二八〇〇グラム、石油七〇〇グラム）、携帯測遠器一台である。

右箱には、第一予備品匣二箱（円筒、撃茎、抽筒子、蹴子などの予備品）、第二予備品匣一箱（撃茎、表尺板、送弾子坐、槓桿発条などの予備部品）、脂肪缶三個、油缶五個などである。重量はそれぞれ二五キログラムで、これに予備銃身三本が付き、布でくるんで器具箱といっしょに駄載された。
これらを軍馬の背に縛着《ばくちゃく》した駄鞍《だあん》に装着していった。鞍は銃鞍と箱鞍に分かれ、それぞれ重量一六・二キロになった。銃鞍は左側に銃身、右側には三脚架と属品匣を載せた。機関銃一個分隊は班長の下士官、射手の上等兵、弾薬手などの一、二等卒で合計一二名である。

独自性が光る十一年式軽機関銃

携帯容易な軽い機関銃

第一次世界大戦（一九一四〜一八年）の歩兵の戦いは、日露戦争の旅順要塞戦の再来を思わせた。何層にも重なる塹壕線、接近を阻む鉄条網、堡塁には固定された機関銃。頑丈な屋根付きの防御陣地は榴霰弾の射撃にも生き残り、白兵突撃をする敵歩兵に機関銃の弾を浴びせた。その惨害はレマルクの小説『西部戦線異状なし』の描写で十分だろう。あるいは、映画『戦火の馬（原題War Horse：軍馬）』（二〇一一年）でもリアルに再現されている。

日露戦争では、その機関銃火の被害にもかかわらず銃剣突撃はしばしば行なわれた。当時、第一線の大隊長だった志岐守治《しぎもりはる》中将は『参戦二十将星・日露大戦を語る』で次のように話している。

「……今日《こんにち》の戦争では屍《しかばね》を乗り越える間に自分は叩きふせられる。……肉弾、肉弾というけれども、いかに肉弾とはいえ、鋼鉄の弾丸にぶつかって倒れるのは当たり前だ。肉弾が働きをするのは敵にぶつかって、敵と格闘してはじめて肉弾が働く。そこに接近するまでの間は肉弾は何も働かない。だから何とかして敵に接近させてくれなくてはならない。……つまり側面から、背後から銃砲弾で敵を押さえつけて、体当たりするまでにしてくれなければ肉弾の値打ちがない。肉弾が銃砲弾の代わりをすると思ったら間違いである」（仮名遣い、漢字は現代語に直してある）

この敵の機関銃をどうにかできないか。その答えの一つが、歩兵が一人でも持ち運べ、連続射撃できる軽い機関銃の採用である。機関銃陣地に接近していって連射する。敵機関銃手に頭を上げさせないようにして、その間に歩兵が接近していこうというわけだ。重量は一〇キログラムくらいが扱いやすいと考えられたから、長いベルト給弾や冷却システムが重くなる水冷式は不利だった。軽量化が最優先され、故障を少なくするといった信頼性はどうしても後回しになった。機関銃の主流はあくまでも固定式の重機関銃であるということから、軽機関銃は信頼性を犠牲にした「妥協の産物」だったという。

すでに一九〇二年、デンマークは自国製のマドセン軽機関銃を諸外国に売り込み始めていた。作動方式は反動利用式で、かなり複雑な構造だった。これまでの機関銃は遊底が往復運動（レシプロ）して、装填、撃発、排莢、装填のサイクルを行なう。それがマドセン銃は遊底後部を機関部の尾筒に軸で留めて、上下にスイングするようになっていた。

一八九六（明治二九）年に製造を始め、英国のレキサー社が販売した。だからレキサー機銃と呼ばれることもある。オランダ陸軍も採用し、蘭領インド（インドネシア）の駐屯軍が使い続け、一九四二（昭和一七）年の日本軍の進攻で鹵獲《ろかく》されたものもあったという。

重量は一〇キログラムそこそこで、射撃時の安定を考えた二脚、そして肩当てがついたものだった。満洲ではロシア騎兵がこのマドセン機関銃を装備していた。わが騎兵はこれを鹵獲し、それを持ち帰った。南部麒次郎はこれを見たが、複雑な機構を嫌ったのだろう。参考にした部分はほとんどなかったに違いない。

ホチキス機関砲の稿でも紹介したが、わが陸海軍は機関銃を世界でもいち早く装備し、その多くを日露戦争の戦場に投入した。もちろんロシア軍も要塞防衛に使った。日本軍は事前砲撃し、突撃する歩兵の頭越しに掩護の射撃を行なった。しかし、多くの犠牲を払うことになったのはよく知られている。

その威力のほどを欧州の観戦武官団は目の当たりにしたはずだが、不思議なことに、ドイツのホフマン大尉くらいしか衝撃を受けなかったようだ。英国のハミルトン将軍も「機関銃の登場で騎兵の役割は終わった」と報告したものの、本国では、彼は頭がおかしくなったのではないかと陰口をきかれた。米軍からはマッカーサー将軍親子（息子はのちの日本占領軍司令官）も来ていたが、機関銃についてはほとんど関心を持たなかったようだ。

それどころか、英国のアルサム将軍は銃剣突撃について、「火力だけでは、決意が固く軍紀厳正な軍隊を陣地から駆逐することはできない。やはり銃剣が有効だ」と書き残している。日本陸軍はもともと白兵重視どころか、むしろ銃剣突撃などは苦手としていた。そうした証言は多くある。

戦後の『偕行社記事』の中には、実戦記が多く載せられた。ある歩兵中隊長の証言である。「射撃をして二〇〇メートルまで近づけば、敵が倒れる姿が見える。いつ退却するか、そろそろ逃げる頃かと思っていたら、まるで地に根を生やしたようなロシア兵。一歩も退くことはない。結局、銃剣をふるって突撃するしかなかった。古臭い銃剣など戦場では用無しだと思っていたが、十分、有効なものだと思った」

ドイツ軍も大急ぎで軽機関銃を開発

日露戦争からほぼ一〇年後のヨーロッパの戦場でも機関銃が大活躍した。日露戦争以来、機関銃に関心を高めていたドイツ軍はシュパンダウ・マキシムM08重機関銃（一九〇八年製造開始）を一万二〇〇〇挺も装備していた。ほかに約五万挺が生産中だったといわれている。緒戦で大きな被害を出した英国は、ビッカース・マキシム重機関銃を採用した。どちらもマキシムの開発による機関銃である。

英国軍は戦争が始まってからルイス・ライト・マシンガンを採用した（一九一五年）。この銃を操作した二人の射手は四人の弾薬手とチームを組んでいた。突撃する歩兵といっしょに塹壕を飛び出し、敵機関銃陣地を射撃した。ガス圧利用式、空冷、四七連発の皿（円盤）型弾倉をもつアメリカ製の機関銃である。銃身長は六六五ミリ、重量一一・八キログラム、口径は〇・三〇三インチ（七・七ミリ）。銃身を太い放熱カバーが覆っているところが外見上の大きな特徴になる。のちに日本海軍も「留式《るしき》機関銃」として採用した。

ドイツ軍も大急ぎで軽機関銃を開発した。突撃する歩兵が敵の機関銃に大被害を受けることはまったく同じだったからだ。一九一七年にはMG08／15軽機関銃を使い始めた。水冷式放熱筒に四リットルの水を入れたために重量は二二キログラムにもなった。銃身長は七一九ミリ、口径七・九二ミリの小銃弾二五〇発を弾帯につけた。ほかに五〇発入りのドラム型の容器に入れたものもあった。

軽機関銃としてはひどく重かったが、一三万挺も生産され、ドイツ歩兵の守護神になった。ベルリンのシュパンダウにあった王立兵器製造場でつくられたこの軽機関銃は製造公差がきわめて小さく、ドイツ小火器でも初めての部品交換可能な製品だったという。

第一次世界大戦から日本陸軍は何を学んだか？

日本陸軍は一九一五（大正四）年九月に「臨時軍事委員（当時は今でいう委員会と同義であり、以下、委員とする）」を設けた。第一次世界大戦、欧州における戦闘の実態の情報資料の収集を目的としていた。少将を長として各兵科佐官・尉官と各部相当官が二六人、判任文官一四人の合計四一人で構成された。彼らはそれぞれ陸軍省、参謀本部、教育総監部、技術審査部、兵器本廠、士官学校、歩兵学校、騎兵学校、軍医学校、経理学校などから派遣されていた。（葛原和三『帝国陸軍の第一次大戦史研究』）

以下は防衛研究所員の葛原氏の研究にそって説明するものである。委員会の調査項目は三三五項目にも及んでいる。なかでも第五班の「戦略・戦術」では、「戦術、兵器、築城、交通等の進歩発達並《ならび》に会戦兵団の増大が内線・外線作戦に及ぼせる影響、新兵器の戦術的運用・戦闘法」などが挙げられていることが注目される。内線作戦とは自軍の確保地域で兵站が有利な地域での作戦をいい、外線とはその反対に敵地に進攻しつつ兵站線を構成していく作戦をいう。

第六班の「築城」では、「堅固なる野戦陣地の攻防就中《なかんずく》（とりわけ）歩工兵の協同動作等」も報告された。すでに駐在武官による戦地の実際の報告が届いていたに違いない。要塞地帯に構築された強固な堡塁や塹壕線への対策、縦深陣地攻撃方法などが関心事だった。

また、第七班の「兵器」についても「兵器行政・組織、兵器動員及び平時準備、原料材料・機械工場等の準備及び動員、職員職工・製作作業動員、経済と動員の関係」などの調査内容が指示されていることも「総力戦」への準備が意識されていたことがわかる。

委員は一九一七（大正六）年一月から二一年一二月までの五年間に、合計一〇〇件の意見書を提出した。注目したいのは「動員」の項の中で「物質的国防要素充実」を主張していることだ。また「歩兵」の中には「機関銃射撃」が入っている。膨大な報告書の中で一貫して強く主張しているのが、

「寡《か》をもって衆《しゅう》を制する（少数兵力で多数の敵を打ち負かす）」という考えをやめよということだ。日露戦争後、陸軍軍人たちは強大なロシア軍に勝ったという事実から「将兵の精神力と素質が高ければ、装備が劣っていても勝利できる」というドグマ（教条）を信奉するようになっていた。というより、ぎりぎりの勝利を下士・兵卒たちの無形の精神力のおかげと信じたかったのだろう。

一九〇九（明治四二）年の改正『歩兵操典』では高らかに「白兵中心主義」が謳われていた。委員たちは、それは正しくない、やはり火力が最重要だというのだ。

日露射撃成績の比は四一九対一〇三七

しかし、この火力主義の主張はおそらく時期尚早で軍内の世論の主流とはなり得ない、そう委員たちは考えた。委員が作成した『日露両軍銃砲弾効力比較表』によれば、主要会戦四回の射耗弾数の比較をすると、興味深い事実が見えてくる。ロシア軍が日本軍将兵一人を死傷させるには小銃弾一〇三七発、砲弾四一発を使った。逆に、日本軍はロシア兵一人を死傷させるには、小銃弾四一九発、砲弾二一発しか必要としなかった。こうして見ると、日本軍の小銃火力も砲兵火力もロシア軍の倍の優秀さがあったということになる。

だからといって、「桶狭間《おけはざま》式奇襲的成功は、一等国軍間の大会戦組織では困難の度合いを高めたという事実は無視できない」と委員は主張する。桶狭間式奇襲成功とは、一六世紀の織田信長による今川義元軍への快勝とされていた「定説」のことをいう。

報告書はさらに続ける。日露戦争の全期間を通じて砲弾の射耗数は、日本軍一〇〇万発とロシア軍一五〇万発だった。それが第一次世界大戦の西部戦線では一九一七年以降、二か月間に平均でドイツ軍二億二〇〇〇万発、フランス軍一五五〇万発、イギリス軍一四五〇万発という砲弾が撃たれた。兵力に勝る連合軍にドイツ軍は鉄量で対抗したことがわかる。

浸透戦術と分隊戦闘という新しい流れ

『近代日本軍隊教育史研究』は臨時軍事調査委員の報告書を詳しく紹介している。委員は次の『歩兵操典』の改正に合わせて、次のような重要な指摘を行なった（一九一九年九月、陸軍省大日記）。以下、その要旨を紹介する。

（1）将来は軽機関銃を核心にして戦闘群を構成するようになる。

これまでの横一列や密集した歩兵の突進ではなく、下士官の指揮する分隊がグループを作って、敵の手薄なところを攻撃してゆく。ドイツ軍はフランス軍の戦闘群戦闘法を採り入れて「突撃隊」による浸透戦術とした。編成は分隊長、機関銃手、副銃手、弾薬手（二名）、弾薬運搬手（四人）の合計九人とする。軽機関銃、火炎放射器または爆薬などを携行して、夜間、配備の間隙《かんげき》から浸透して、火点などを覆滅《ふくめつ》する戦法である。（『機甲戦の理論と歴史』）

またロシア軍でも、ブルシロフ将軍が提唱して、東部戦線で浸透戦術が採用されるようになった。一個小隊の歩兵六四人を、まとまった方陣（ファランクス）にせずに五〜六人前後の分隊に分けた。おおまかに作戦目的を各分隊長には示すだけで、どのような進攻方法をとるかは、それぞれの臨機応変な判断に任せた。

これを目の当たりにして学んだのは、当時、ロシア軍に観戦武官として派遣されていた荒木貞夫《あらきさだお》（陸士歩兵科九期、ロシア公使館付武官、のち大将）、小畑敏四郎《おばたとししろう》（陸士歩兵科一六期、のち中将）だと、第一次世界大戦史研究者の別宮暖朗氏も指摘している。

荒木はシベリア出兵でも、現地のウラジオ機関長や派遣軍参謀、参謀本部第一部長、陸軍大学校長などを務めたロシア通であった。この荒木に信頼されたのが、対ソ連軍戦闘の専門家とされ参謀本部作戦課長を二度も経験した小畑である。二人は確実に「浸透戦法」の有効性をつかみ、歩兵戦闘の新しい流れを推進していくのである。

（2）攻撃においては、局部的包囲を重視する。

頑強に抵抗する部分に正面からの攻撃や、攻撃の反復は有効ではない。包囲行動はこれまで高級指揮官（旅団長以上）の企図するもので、各部隊はただ直進せよというものだった。迂回や包囲といった「屈伸自在《くっしんじざい》」の戦闘を小部隊でも行なわなければならない。

（3）「一気盲目的猪突」は価値を失った。

突撃は一挙に突入ではなく、紛戦《ふんせん》が続く。各部隊と戦闘群は火力の発揮とともに自在に行動し、火器と白兵を巧みに併用する連続攻撃の戦闘になる。これまでの「衝突力《しょうとつりょく》」で敵を圧倒するといった突撃は価値を失ったとする。

（4）火力への正確な理解を必要とする。

火力を尊重しない精神力は、「真ノ精神力」とはいえない。ほんとうに旺盛な攻撃精神とは、火力がどのようなものかを正確に理解し、無益な損害を受けないようにし、味方の火力発揮は確実に実施するようにする。

この主張は、白兵重視を正面から規定したとされる「一九〇九（明治四二）年歩兵操典」の思想に、真っ向から反論したことで注目される。

（5）退却戦の訓練をする必要がある。

攻撃に対しては士気が高まり、防禦では元気を失ってしまう。わが将兵は形勢が不利になっても、落ち着いて再挙を考えるといった点では不十分だという。退却では敗走に陥らないよう訓練の必要があるという。

下級指揮官の役割が変わってきた。一九二〇（大正九）年には『歩兵操典草案』が配布された。散兵《さんぺい》（広く疎開隊形をとった兵）の射撃は小隊長が指示するといったように、下級幹部に要求される

戦闘の合間に必ず行なうのは銃器の手入れである。銃身から洗桿（せんかん）を通して銃腔内の手入れや給弾部の拭浄（しょくじょう）が必須だった。手前は11年式軽機関銃。左上の後ろ姿の機関銃手の腰には自衛用の14年式拳銃嚢が見える。

力が増えてきた。翌年には「歩兵戦闘法研究会」が発足し、さまざまな検討、研究が行なわれた。これが一九二三（大正一二）年の『歩兵操典草案』に活かされることになった。

これ以後の歩兵戦闘は、地形を利用し、小隊、分隊ごとといったように戦場に点在して小グループで運動するようになった。軽機関銃を火力戦闘の中心とした。小銃手は軽機関銃の射撃に掩護されながら前進し、ついに突撃で敵陣地を制圧するといった戦闘を訓練されるようになった。つまり、歩兵銃はそれまでの「火力の中心」であること「遠・中距離射撃の効力」を期待される地位から、歩兵個々の「自衛戦闘用火器」に変化したことを意味する。そうした流れの中で日本陸軍もその影響をしっかりと受けていたのだった。

十一年式軽機関銃の最初の教育は「故障排除」

「まず故障排除から教える。これを兵に覚えさせるのが大変なのだ。およそ兵器の操法を教えるのに、故障排除の教育で苦労するなど、そんな兵器は実戦向きではない」と、十一年式軽機関銃についで加登川幸太郎元陸軍中佐は著書『三八式歩兵銃』の中で述べている。この軽機関銃を褒める話はまず聞いたことがない。欠陥品だったとまでいう人がいる。しかし、日本陸軍が滅びるまでこの軽機関銃は使われ続けた。

装弾の仕組みは非常に珍しい。世界でもおよそ類を見ない独自性にあふれていた。作動方式はごくふつうのガス圧利用式である。給弾は機関部の左にある箱型の装填架（ホッパー）から行なわれた。実測すると、前後一〇〇ミリ、高さ一一〇ミリ、幅八〇ミリの箱のようである。強いスプリングで下方に押しつける蓋（圧桿《あつかん》）があり、弾薬を入れるには、まずそれを上に押し上げた。開けた内部は弾薬がまとめられた形に合わせて、前にいくほどすぼまっている。（一六四頁の写真参照）

ここに三八式歩兵銃の六・五ミリ実包を横に重ねて六個置いた。しかも挿弾子（クリップ）付きのままでよい。射撃すると弾は左から右へ水平に動き、機関部右の排莢口から撃ち殻薬莢が飛び出していく。装填架に積まれた五発ずつの弾薬はバネによる蓋で上から押さえられているから、最後まで給弾が途切れることがない。最終弾が薬室に送り込まれるごとに挿弾子は下に落ちた。
五発×六個で計三〇発だから、列国の軽機関銃とほぼ同じである。英国のルイス式は円盤状の弾倉（パンマガジンといわれる）四七発入りを使っていた。第一次世界大戦での使い捨てられたその弾倉の山を見て、精密で高価な金属製弾倉の「浪費」に驚くとともに、多くの日本陸軍将校は自国の生産力を考えて色を失ったことだろう。

独特の右に曲がった大きな銃床が特徴の11年式軽機関銃。弾薬を押さえるホッパー（装塡架）の柄が上に出ている。弾薬が装塡されると、これが強い力で下に押し付ける。

十一年式軽機関銃のホッパー方式は、箱型や円盤状の弾倉と比べて、たいへん優れたところがあった。射撃中に時間的なゆとりがあれば、弾をいくらでも補充できたのである。他国の軽機関銃の場合は、それができなかっ

先進的な11年式軽機関銃の装塡架（円内）。装塡架の柄を上にした状態で、５発ごとに保弾子（クリップ）でまとめられた小銃弾を６個、合計30発を重ねて装塡した。装塡架は銃の運搬時には本体と離してケースに入れ、銃手のベルトに付けた。

た。全弾撃ち尽くしてはじめて弾倉そのものを交換することになった。

しかし、十一年式軽機関銃は埃に弱く、泥にまみれると精緻な機関部は故障してしまう。装塡架に蓋はあっても、その蓋は弾薬を押さえるためだけのもので、弾薬の汚れを防ぐことはできなかった。また、エジェクター（排莢）機構も、フレームの中ではなく、機関部右側の外に出ていた。これも埃や汚れ、泥水などに弱いことはすぐわかる。装塡前の弾薬に油を塗る方式も、油が埃や塵を吸いつけてしまった。

銃床は右に大きく曲がり、銃身の中心線から五〇ミリずれていた。そのため「世界で最も醜い軽機関銃」などと米軍から酷評もされた。物陰から照準をする際には射手の顔は大きくはみ出してしまうという批判もあった。しかし、右肩に床尾を押しあてて構えてみれば、左側の装填架（重さ約一二〇〇グラム）に弾薬が三〇発も入った重量を思うと、射手が姿勢を保持する時の負担は明らかに軽減されるだろう。

取扱説明書によると、全長は一一〇〇ミリ、銃身長四八五ミリ、銃身高（高姿勢）三六〇ミリ、低姿勢なら三一〇ミリ、重量一〇・二キログラム、初速七三六メートル／秒、発射速度五〇〇発／分、属品嚢《ぞくひんのう》内容品が全部入って一キログラム、手入れ具嚢（同前九四〇グラム、銃身一・四キログラム、弾匣《だんこう》（弾薬箱）に弾薬が入ると四・二キログラムとなる。

体験者の話によると、引鉄の絞り方にコツがあったという。ふつう射撃の心得で「寒夜に霜が降るごとく」引鉄を絞ると教育された。いわゆるガク引きをさせないためである。だが十一年式軽機関銃では、そういう撃ち方ができなかった。「切り撃ち」といって二、三発ずつパッパッと引鉄を引いて撃った。そうしないとすぐに「突っ込み」を起こして、薬室から撃ち殻薬莢が出てこなかったという。軽機関銃手はそうした訓練をされていた。誰もが撃てるものではなかったといえよう。

同じように混乱した列国

欠陥品とまでいわれた十一年式軽機関銃だが、正確な批判のためには諸外国の事情も明らかにしなければならない。前述したように軽機関銃というのは「妥協の産物」だった。とにかく軽量化するために信頼性を犠牲にしたのである。故障が多かったというが、列国はどうだったのか。大正の末頃、英国は第一次世界大戦以来のルイス軽機関銃（一九一四年に英国で製造開始）、米国はブローニング・オートマチック・ライフル（BAR、一九一八年制式）を使っていた。イタリアやソ連は軽機関銃の独自開発には、まだ着手していなかった。フランスはM1e1924を制式化したが、これはアメリカのBARの影響を受けたといわれる。

十一年式軽機関銃が、故障が少ない箱型弾倉を使わなかったという批判があるが、当時の軽機関銃の給弾方式には、まだこれといった決定打はなかった。BARは二〇発入りの箱型着脱式弾倉を機関部の下から入れた。これは低い姿勢では不利になる。下から突き出した弾倉が邪魔になるからだ。ルイス軽機関銃は前述したように重かった。給弾は複雑な円盤型弾倉を用いた。ドイツの08／15軽機関銃は水冷式で二〇キログラムを超す重量があった。給弾は弾帯式でドラム型の容器に入れられた。

第一次世界大戦後すぐに、英国陸軍はルイス軽機関銃に代わる新型軽機関銃を採用しようとした。ルイスは重く（一一・八キログラム）、構造も複雑、異物混入による故障の多発などが現場からの苦情が多かった。しかも量産向きではなく高価だった。だが、次の新型軽機関銃の制式化は一九三七年になってからだった。

軽機関銃に「決定打」が出るのは十一年式軽機関銃が制式化されてから八年後の一九三〇（昭和五）年、チェコ・スロバキアが開発したZB26／30の登場まで待たねばならなかった。

傑作といわれた九六式軽機関銃

軽機関銃の完成品「チェコ製ＺＢ30」

満洲事変（一九三一年）以後の戦場で、中国軍はチェコ・スロバキア製の口径七・九二ミリのブルーノＺＢ26軽機関銃を装備していた。ＺＢ26は世界最初の完成された軽機関銃といっていい。

第一次世界大戦後にチェコ・スロバキアは独立を達成した。独自の兵器を開発しなければという考えから、一九二二年に国策会社ブルーノが設立された。政府が七五パーセント、スコダ社が二〇パーセント、その他が五パーセントという資本構成だった。

一九二四年、ホレク技師がチェコ陸軍の機関銃の採用トライアルに応募し、ガス作動式の軽機関銃を提出した。試験の結果、二六年に制式化されたが、このＺＢ26は優秀なスコダ鋼と評価の高いチェコの精密工作技術、優れた設計と三拍子そろったものだった。

全長は一一六一ミリ、銃身長六七二ミリ、重量は二脚を入れて九・六キログラム、給弾方式は箱型二〇発入り弾倉、初速七六二メートル／秒、口径七・九二ミリというドイツと同じ弾薬を使った強力なものだった。

一九三〇年に改良が加えられ、撃針を短くして折れにくくなったといわれている。これをＺＢ30というが、わざわざ更新することもなくチェコ軍はZB26を使い続けた。ZB30は主に外国に輸出され、その最大のお得意は内戦が続く中国であった。満洲事変後、あらゆる戦場で「チェッコ（日本兵のつけた通称）」は日本軍に火を吐いた。

英国はルイスに代わる軽機関銃（ライト・マシンガン）にこのZBを採用した。一九三五（昭和一〇）年には英国向けに改良された口径〇・三〇三（七・七ミリ）はブレンと名づけられた。ブルーノの頭文字と、英国で生産するロイヤル・スモール・アームス・ファクトリー（王立小火器製造廠）が所在するエンフィールドの頭文字を組み合わせたという。（『第二次大戦歩兵小火器』）

一九四〇年夏までに三万挺以上のブレンが生産され、英国軍に支給された。のちにインパールやニューギニアなどのイギリス・オーストラリア軍もこれを装備していたから、日本軍の十一年式や九六式軽機関銃と撃ち合った。

「（チェッコは）故障というものがなかった。一〇〇〇発撃っても大丈夫だった。銃身は道具なしに五秒で交換できた。ただ命中精度はあまりよくなかった」と鹵獲したチェッコを撃った体験談が残っている。当時の日本軍の写真にも多くのチェッコが写っており、ずいぶん鹵獲もしたと現場からの報告記録もある。実際、中国ではコピー生産されたり、大急ぎで外国から輸入にしたチェコ機関銃が大量にあった。

十一年式軽機関銃は満洲の厳寒の気候と埃に弱かった。整備を十分にして、熟練した射手が使ってもよく故障を起こした。それに比べて、チェッコは無故障ではないかと思えるほど盛大に撃ってきた。

十一年式軽機関銃に代わる新機関銃の開発には珍しい方法がとられた。民間の銃器産業を育成するという観点から、陸軍が仕様を示し、民間企業がこれに応募して競争試作させる初の試みである。もちろん、官である陸軍造兵廠もこのコンペに参加することになった。その結果、現役を引退した南部麒次郎中将が興した中央工業南部工場が採用を射とめたのである。

軽機関銃が火力戦闘の中心になる

小銃と軽機関銃を七・七ミリに増口径するという要求はいったん置かれ、小銃弾と同じ六・五ミリ弾の「九六式軽機関銃」が開発された。

九六式軽機関銃の全長は一〇四八ミリ、銃身長五五〇ミリ、銃口から尾筒底(機関部の最後部)までは八二四ミリ、重量は弾倉を含めて一〇・二キログラムである。列国の軽機関銃と比べると、少し小型である。実際、チェコZB30よりも約一一〇ミリ短い。アメリカのBARの一二一四ミリとは一七〇ミリも短い。

九六式軽機関銃の発射速度は五五〇発/分、初速七三五メートル/秒、最大射程四〇〇〇メートルである。

制式化されたのは皇紀二五九六（西暦一九三六、昭和一一）年なので「九六式」となった。兵器の制式名称は採用年がとられ、明治三八年なら「三八式」、大正四年ならば「四年式」とされた。それが昭和になると、明治・大正と紛らわしいので、わが国独自の皇紀を使うようになった。西暦に六六〇年を足し算すると皇紀になる。「紀元は二六〇〇年」と盛大に祝われたのが一九四〇（昭和一五）年のことである。

この年に制式化された兵器を陸軍は「百式」といい、海軍は末尾をとって「零式」とした。だから百式司令部偵察機（陸軍）、零式戦闘機（海軍）はどちらも昭和一五年に制式となった航空機である。

ちなみに陸上自衛隊は西暦を使い、一九八九年制式化の小銃を「八九式《はちきゅう》」、二〇一〇年の戦車を「一〇式《ひとまる》」としている。

九六式軽機関銃が部隊配備された頃には、軽機関銃は十一年式時代とは違った役割を担うようになった。昭和初期まで十一年式軽機関銃は一個小隊（五〇〜六〇人ほど）に二個分隊があった。二挺の軽機関銃が四個小銃分隊（五〇人ほど）を掩護したのである。つまり、小隊を掩護する機関銃だった。

九六式軽機関銃が採用された時には、「戦闘群戦法」「分隊戦闘」が導入され、小隊は軽機関銃分隊と擲弾筒分隊で構成されるようになっていた。「分隊レベルの主火力は軽機関銃、擲弾筒であり、

前線で96式軽機関銃を構える日本兵（右から2人目）。機関銃手が腰に着けているのが手入具嚢（右）と弾倉2個を入れる嚢（左）。右に立つのが2番銃手で弾倉袋などを携行した。

歩兵銃は撃たない」ということが常識になってきたのである。

このことはすでに一九二〇（大正九）年に、渡辺錠太郎《わたなべじょうたろう》少将がヨーロッパから帰朝後、指摘していることだった。

渡辺は欧州戦場を観察し、ドイツの将軍たちから聞き取りを精力的に行なった。一九二〇（大正九）年一〇月、『世界戦争の経験に基き歩兵戦術の変化に関するドイツ軍事界の趨勢《すうせい》』という報告書を出した。その内容は次の通りである。

「戦術は常に武器の進歩に伴いて変化するものにして、世界戦争中に於ける武器の変化は実に驚くべきものあり。歩兵の如き、現今其主兵器は機関銃となり、従来の小銃は単に補助兵器にだるに過ぎざるに至れり」（前原透『日本陸軍用兵思想史』所収）

新しい『歩兵操典草案』

一九三七（昭和一二）年五月、新しい『歩兵操典草案』が配付された。草案とはいいながら、現場には拘束力をもつものだった。七月に始まる「北支事変（のち支那事変と改称）」の直前のことである。そこには、軽機関銃を射撃の中心において、むしろ小銃手は撃たないようにするという意見が見える。

支那駐屯歩兵第一聯隊の佐藤軍曹の証言を見よう。（『昭和史の天皇（一五）』）

「（分隊は）カサが半開きの恰好に散開します……」。以下、要約する。

右肩の部分に分隊長が位置し、最先端部には機関銃手、その左側の傘の骨にあたるところに二人の弾薬手が伏せた。傘の柄にあたるのは小銃手だが、状況次第で右にも左にも移動した。小銃手のうち射撃がうまい二人が狙撃手になった。各分隊が敵前七～八〇〇メートルに接近すると、狙撃手に撃たせて敵の指揮官を倒す。距離が三〇〇～四〇〇メートルに近づくと、擲弾筒を敵の火点に撃ち込み、軽機関銃を撃たせる。このあと突撃して白兵戦に移るが、軽機関銃の射手もいっしょに突進するようになった。

満洲事変（一九三一年）以後、現場の部隊からの報告や、視察の状況から陸軍教育総監部では「火《か》線《せん》は自動火器に担任させ、小銃は突撃および陣内戦のため控置する思想に傾き、国軍の白兵威力をますます大ならしめようとするのが今時事変の一般傾向である」と現状を認識していた。

また、歩兵学校の『支那事変ノ主要戦訓及對策（昭和一三年一〇月一八日）』では、中国軍が近接戦闘を主体としていることを述べている。もともと中国軍はその自信のなさから日本軍陣地を積極的に攻めたり、攻撃のために前進してきたりすることは少なかった。日本軍は常に攻勢をとって機関銃の掩護のもとに敵に接近し、敵陣内に突入した。それでも陣地にこもって退却しない中国兵とは白兵による近接戦闘を行なった。

軽機関銃を先頭にした攻撃法については、新しい『草案』では次のように記述されている。「軽機関銃主体の攻勢は比較的死傷が少なくなる。地形・地物で遮蔽《しゃへい》するのに便利な戦闘法であり、これまで最も憂慮せざるを得なかった『遅留兵《ちりゅうへい》』を出してしまう恐れがなくなった」と評価が高い。

分隊単位という小集団で行動することから、分隊長の注意も行き届き、地形や地物で身を隠しながら自由に進むことができたという。また、しばしば当時の記録に出てくる「遅留兵」とは、攻撃前進、あるいは突撃するまでに前進中、周囲と離れて遅れてしまい、仲間を見失い、戦場に置き去りにされる兵士のことである。丈の高い草むらや、地隙《ちげき》の多い戦場では、周囲の目が行き届かず孤立してしまう兵が意外に多かった。

あとは、副分隊長が必要かどうかについての提案がある。この『草案』には、「一番と五番の兵」

をそれにあてたらどうかと書かれている。

軽機関銃分隊は、分隊長一、一番から三番の銃手が三人、ほかに小銃手が八人の計一二人編成だった。小銃手は二組に分かれ、一番から四番までと、五番から八番である。その最先任者である一番と五番を副分隊長として指揮させたらどうかという意見が現場から上がってきていることがわかる。十分に散開して、分隊が攻撃前進すると、その範囲が広くなり分隊長の指揮掌握が難しくなったからだろう。

九六式軽機関銃の特徴

九六式軽機関銃の試作にあたって、耐久試験を行なった結果、銃腔内にクロームメッキを施すことにした。なお九九式軽機関銃にも、九九式小銃にも、このクロームメッキを行なうようになった。これはずいぶん贅沢なことで、世界中どこの陸軍も採用していなかったが、おかげで銃身命数は大きく延びた。さらに銃身の厚さを増やし、腔径を一〇〇分の七ミリ小さくして、弾の直径も一〇〇分の三ミリ大きくするなどの改修が行なわれた。

新たに十一年式軽機関銃になかったキャリング・ハンドルが銃身上に付けられた。これで一番銃手は熱せられた銃身を直につかまなくてよくなった。十一年式では石綿を厚い牛皮でくるんだ銃身摑みを銃身下部にぶらさげていた。

96式軽機関銃。1932（昭和7）年7月、陸軍技術本部は新型軽機関銃を開発することとし、機構簡単、堅牢、操作容易、箱型弾倉、放熱筒と銃身の一体化、拳銃型銃把などを要求した。世界で最も信頼性が高く、命中率の高い軽機関銃という評価がある。

前進時には、下から左手で支えるより、右手でぶら下げた方が容易である。突撃時には、後方から掩護する役目を与えられていた十一年式と異なり、九六式は小銃手といっしょに前進するようになったからこその改良だった。

照門の上下装置は、ＺＢ26機関銃によく似た円盤型である。尾筒の左側の円盤を回すことで照尺の覗き穴が上下した。弾倉は三〇発の箱型弾倉で湾曲している。バナナ型弾倉ともいう。九六式軽機関銃に使う三八式実包はセミリムドなので、弾倉に三〇発も入れると湾曲させなくてはならなかった。

もう一つ贅沢な装備があった。倍率二・五倍の照準眼鏡である。尾筒の右側に台座があり、後部から照準眼鏡を滑り込ませるように装着した。遠くへ正確な射弾を送るためであったが、視野を明るくし、薄暮や夕暮れでも照準が容易だったと現場の経験者は語っている。プリズムを使って全長を短くしているのも工夫だった。

銃身前方に付けられた二脚は意外なことに使用時に固定されずにぶらぶらしている。これは地形が斜めになっていても安定させやすくする工夫らしい。興味深いのは米軍のＢＡＲも後期型ではこのぶらぶら動く二脚を付けたが、九六式軽機関銃と異なって、折り畳むことができなかった。

さらに九六式軽機関銃には銃剣を付けられる。軽機関銃に銃剣とは、これまた白兵思想といわれそうだが、別にそういうわけでもない。後方からの掩護射撃だけではなく、小銃兵の突撃と同行するためのものだ。

支那事変（一九三七年）以降、軽機関銃は分隊の先頭に位置して射撃を行なった。副射手（二番銃

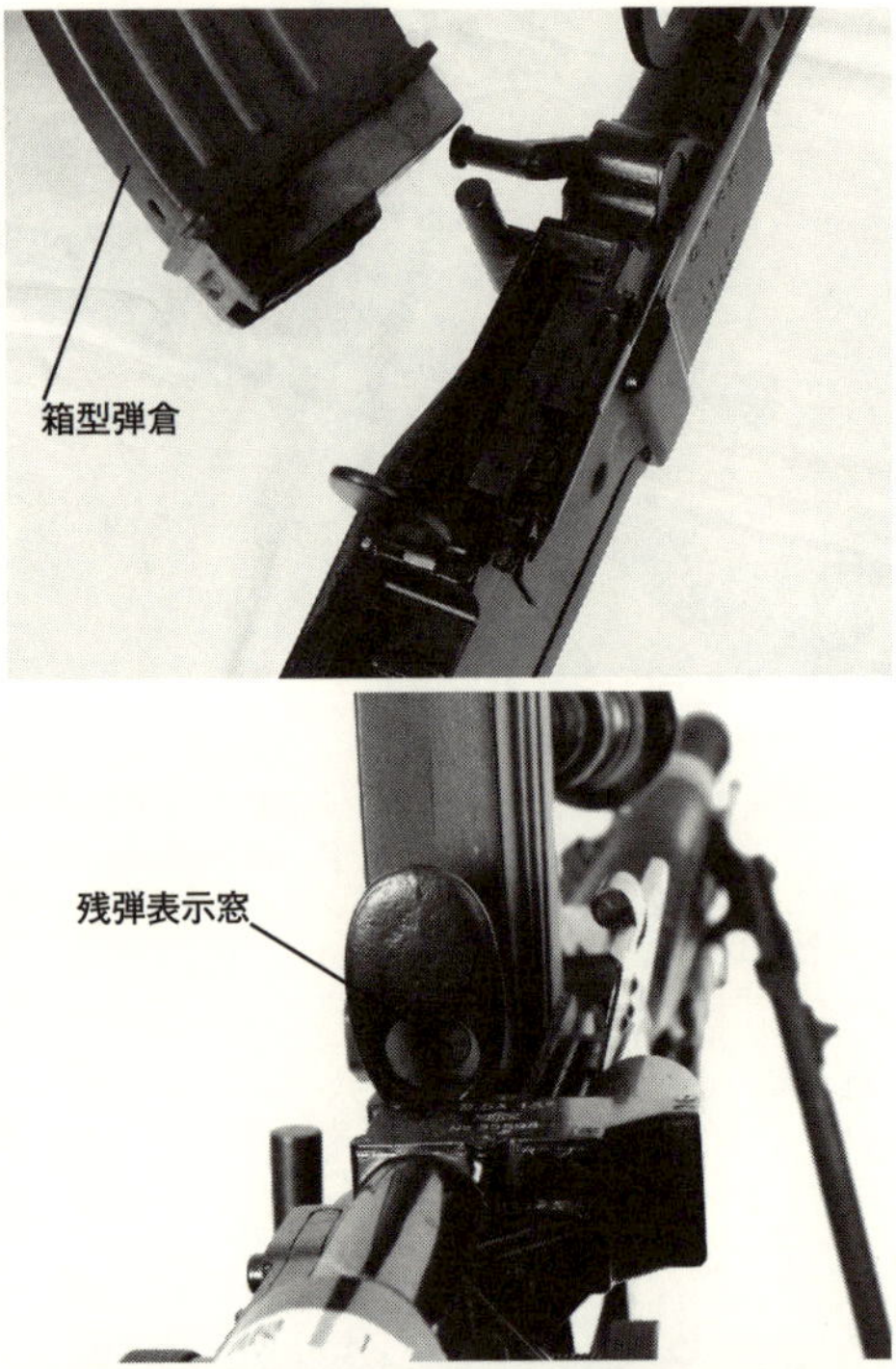

96式軽機関銃。30発入りの箱型弾倉は上から、前を先にして挿入した。特徴的なのは小さな窓から見える「残弾表示」である。銃手は撃ちながら残りの弾数を確認できたが、実用上はどうだったか。

手）と弾薬手（三番銃手）がそばにいて、小銃班は左右に下がっていた。上から見ると、傘の形になるので傘型散開隊形といった。十一年式軽機関銃の射手は銃剣を右手に握って、左手で軽機関銃を肩から吊り下げて走らねばならなかった。もちろん、副武装として拳銃を支給されたが、軽機関銃に銃剣があるのは心強かったに違いない。

九六式軽機関銃にはバレル（銃身）から発射ガスを導くガス・ポート（ガス漏孔）に規制子《きせいし》が付いていた。ガス量は五段階で調整できた。これは回転速度の調整のためとされていることが多い。だが、無故障機関銃といわれたチェコのＺＢ30にはこれがなく、中国戦線でこれを鹵獲し、試射した報告にはしばしば回転不良を起こしたというものがある。原因はおそらく装薬が少ない弾薬を使ったためだろう。強力な七・九二ミリのオリジナル弾薬の場合、ガス量の調整などしなくてもすむ頑丈さがあったのだ。

ガス量の調節は穴の大きさが一・五ミリ、一・八ミリ、二ミリ、二・二ミリ、二・五ミリになっていた（『日本の機関銃』）。同じように英国ブレン軽機関銃にも、原型のＺＢ30になかったレギュレター（規制子）が付いている。「発射速度を変化でき、機関部の汚れやゴミによる作動不良の排除もできる」とジョン・ウィークスの前掲書にもある。九六式軽機関銃は発射を続けるにしたがって、ガス圧を強くしていった。熱による銃身や機関部のわずかな膨張に対応するためである。おかげで回転不良がかなり減らせた。

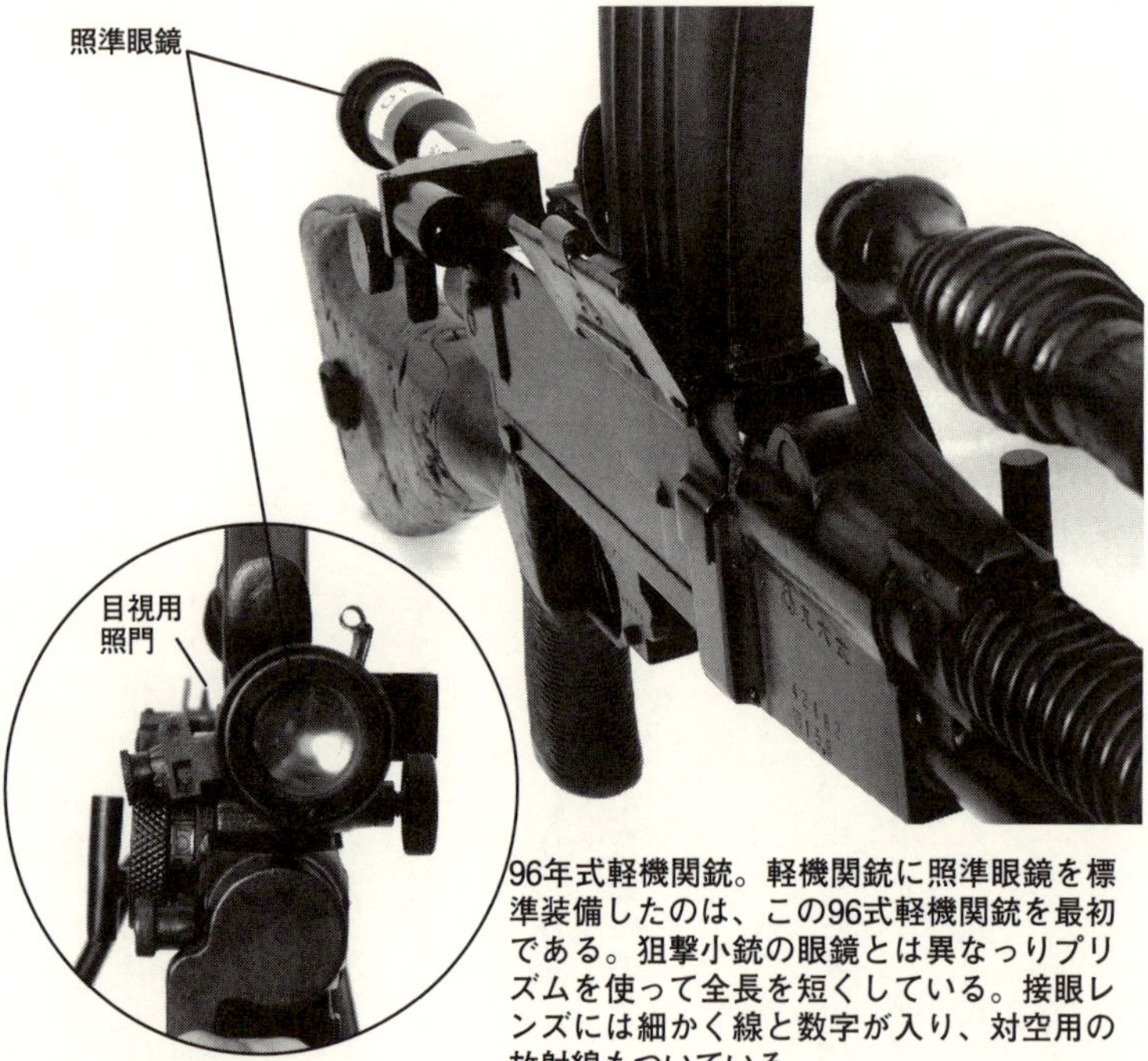

96年式軽機関銃。軽機関銃に照準眼鏡を標準装備したのは、この96式軽機関銃を最初である。狙撃小銃の眼鏡とは異なっりプリズムを使って全長を短くしている。接眼レンズには細かく線と数字が入り、対空用の放射線もついている。

射撃と弾薬運搬

実際に九六式軽機関銃を構えると、尾筒の左側に目視用の照準装置、右側には照準眼鏡が付いている。銃身の前の左側には照星座と照星がある。照尺のつまみは大きな転輪で、回すことができる。照準眼鏡は二・五倍のプリズム内蔵型で短い。視野はかなり明るい。軽機関銃に照準眼鏡を付けることは世界で初めての試みである。

銃床は十一年式の曲がった形式と異なり、銃の中央にある。とはいえ、大きな弾倉が立っているので真ん中で照準を合わせるわけにはいかない。左の目視用照門は左目、右に付いた眼鏡は右目で狙ったのだ。箱型弾倉には三〇

96式軽機関銃の射撃姿勢。右手で銃把を握り、左手で銃床を押し付ける。銃床は11年式と異なり小銃のようにストレートで、大きく厚みも５センチ近くあった。

発の弾薬が入る。装塡口の前方から弾倉を入れて、後部をあとから押し込む。弾倉止めがカチッという音をして弾倉が固定される。弾倉を外す時は、まず弾倉止めを押す。

弾薬の装塡は弾倉に内蔵されたバネにより後半になるほど力を必要とした。ただし、弾薬装塡器という道具があり、五発がまとまった保弾子から一気に入れることができた。左手の人差し指で、横にした弾薬を押さえ跳び出しを防ぐ。親指で駐鉤《ちゅうこう》というロックを押しながら、柄をもった右手で「一挙ニ力ヲ加フ」と取り扱いの教範には図示されている。この装塡器は帆布製の収容嚢に入れて、二番銃手が帯革（ベルト）に通して腰に着けた。

左側の槓桿を手前に引いてブリーチブロック（遊底あるいは活塞）を撃発位置にして、槓桿を元に戻す（日本のホチキス系機関銃の撃発位置はオープンボルト式なので排莢口は開いたままで射撃する）。三〇発はおよそ四秒で撃ち切ってしまう。弾倉の後部の下には円形の窓があって、残弾が四発から一発まで表示される。細かい配慮だと思うが、実戦で射撃中にこれを確認したのだろうか。熟練した射手なら、数発ずつの点射の感覚で、およその残弾の見当がついたに違いない。

厳寒の満洲での使用を前提に設計されたため用心鉄と引鉄が大きい。手袋をしたまま操作できる配慮である。用心鉄の内部を測ると縦三〇ミリ、横が五四ミリもある。

二番・三番銃手は弾倉を収容嚢に入れて運んだ。二個がまとまって直方体の嚢に入った。肩かけである。蓋の部分が長く、二個の金具で閉じる。高さは二五〇ミリ、幅一〇五ミリ、厚さは六五ミリで、重さは三五〇グラムである。素材はゴム引きの帆布、ふつうの帆布、皮革などだった。現存する牛革製の収容嚢はたいへん頑丈だった。拳銃嚢などと同じくハードケースになっていたのは、射撃戦中に銃手に投げることもあったからだろう。八個の収容嚢を運ぶのがふつうだったから、二番・三番銃手の二人だけではとても無理だったはずだ。

六・五ミリ弾が三〇発で約六〇〇グラム、それに金属製弾倉が五四〇グラムあった。二個入りの嚢は合計で約二・六キログラムになる。弾倉を八個となると、その四倍だからざっと一〇キログラム、九六式軽機関銃とほぼ同じ重さになる計算だ。ほかにも軽機関銃分隊が運ぶものは多かった。替え銃身、属品嚢、手入れ具嚢、装弾器嚢、照準眼鏡、弾倉嚢などであり、それぞれ分担して運んだ。

活躍した九二式重機関銃

機関銃と専用実包を同時に開発

すでに日露戦争時から口径七・六二ミリのロシア軍歩兵銃や機関銃に対して、口径六・五ミリのわが機関砲や歩兵銃は評判が悪かった。軽い弾はどうしても長射程では風に流されるし、敵に与える被害も軽く見えた。事実、人体に対しては致命部に当たらなければ即死することはなく、重傷を負わせても短い加療期間で戦線に復帰してしまう。

その一方で軽量弾薬のメリットも大きかった。弾薬の重量も軽くなり、補給や輸送にも便利だし、省資源でもあり、射撃の反動も軽いと、いいことばかりだ。しかし、当事者たちにしてみれば、戦場で自分の生死に関わることである。とにかく、威力を増せという要求は高まるばかりだった。

また、重機関銃の増口径化は、軽機関銃の出現と、その発達も見逃せない理由だった。十一年式軽機関銃の有効射程は一五〇〇から二〇〇〇メートルに達した。三年式重機関銃の有効射程は二〇〇〇から二五〇〇メートルとあまり差がなくなってしまった。第一次世界大戦後の列国陸軍の重機関銃は三〇〇〇メートル余りの射程をもっていた。それ以上の四〇〇〇メートルあたりは野砲の担当だから、重機関銃はどうしても三〇〇〇メートル付近に弾幕を張れなくてはならなかった。

そうした距離になると、軽量の弾薬ではどうしても不満が出てしまう。それに普通弾（無垢の鉛に銅をかぶせたもの）だけではなく、相手の装甲を撃ち抜く徹甲弾や焼夷弾、曳光弾などをつくるには当然、口径が大きい方が有利だった。

一九三二（昭和七）年、皇紀二五九二年に九二式重機関銃は制式化された。もともと大正三年に制式化された三年式重機関銃は頑丈な造りだったから、設計も試作も、改造は順調に進んだ。弾薬は七・七ミリの九二式実包が開発されたが、機関銃と専用実包が同時に開発されたのはわが国の機関銃では初めてのことだった。

九二式実包は形状が変わっていた。ドイツやアメリカの弾薬のように薬室への深入りを防ぐための機構として、薬室のボトルネックで止めるリムレス（無起縁）ではなく、リムで深く入るのを止めるセミ・リムド（半起縁）形式を採っている。これは英国規格のリムド（起縁）薬莢を使う〇・三〇三インチ弾（航空機搭載用八九式機関銃用八九式実包）にならったからだと指摘がある。（『日本の陸軍歩兵兵器』）

弾薬の互換性がなかった

素人考えでも、同じ戦場にあって、重機関銃、軽機関銃、小銃、ついでに拳銃もまったく同じ弾薬が使えれば理想的である。ただし、それが実行できたのはソ連軍だけであったかもしれない。たとえ

92年式重機関銃。6.5ミリ弾では射程も伸びず、威力も足りないということから口径が7.7ミリとされた。脚部も入れて約55キロ、馬に載せないときは４人が人力で搬送した。(Tokoi/Jinbo)

ば一九六〇年代に大人気だったテレビ映画『コンバット！』の米軍歩兵の装備を見てみよう。小隊長のヘンリー少尉はＭ１カービンを持っていた。この騎銃の口径は七・六二ミリだけれど軽量で短かったから特別な弾薬だった。分隊長のサンダース軍曹は口径四五の拳銃弾を撃つトンプソン短機関銃、分隊軽機関銃のＢＡＲと小銃は七・六二ミリの３０‐０６弾薬である。これで三種類の弾薬を支給しなくてはならない。

日本陸軍の場合は、重機関銃と軽機関銃、歩兵銃は七・七ミリで統一され、口径は一種類。それに拳銃は八ミリで統一されていたと考えていい。もっとも、この口径改変が戦時中だったため、完全には実施できなかった。

統一されたといっても、現地からの証言によると、九二式重機関銃と九九式軽機関銃（後述）の弾薬を比べると口径は同じだが別種であり、完全な互換性はなかったという。軽機関銃が使う九九式実包は、歩兵銃用と同じリムレス（無起縁）で、薬莢（ケース）底部のリムと外径は同じだったが、重機関銃用の九二式実包はセミリムド（半起縁）で、リムはケース底部よりいくらか大きくなっていた。

軽機関銃の九九式実包のデータは次の通りである。比較のために（　）内に九二式実包の数字を挙げる。ただし九二式は普通実包である。口径七・七ミリ（七・七ミリ）、全長七九・四ミリ（八〇ミリ）、重量二七グラム（二七・一五グラム）、薬莢長五七・八ミリ（五八ミリ）、縁径一二ミリ（一三ミリ）、弾丸重量一一・八グラム（一三・一グラム）、装薬量二・八グラム（二・八五グラム）。

九二式重機関銃は保弾板に九九式小銃や九九式軽機関銃の弾薬を差し込んで射撃できたが、その逆はできなかった。この弾薬体系の乱れの実態については興味深い記録がある。岩堂憲人氏の『機関銃・機関砲』に載っている。ビルマ方面で戦った人たちの談話である。

「うちの中隊は九二式重機でした。ところが小銃は内地を出て以来の三八式。重機の弾薬はアッという間に消耗し、景気よく鳴っていたのは最初のうちだけでした。頼りになるのは、ほそぼそと空中投下される手榴弾だけで、それも敵さんの手に入るのが多くて逆にこっちに投げ込まれる始末でした。ええ、重機はすぐ分解して埋めてしまいました」

「九二重機に小銃弾を使えるのですが、なんとしても焼きつきが多いんです。空薬莢が銃身に残ってしまう。そうなるといちいち分解して銃口から突き出さなきゃならない。大騒ぎでした。わたしは軽機でしたけど、補給されてくるのは、全部といっていいほど九二式実包で、軽機では射てないんです。後方じゃ重機優先と考えていたらしいんですが、重機なんて数がそんなにない。だいたいがビルマの奥地に入っていくのに、重い重機をたくさん装備するわけがないんです。こっちは九九式実包が喉から手が出るほどほしいのに……」

都会師団の兵士は弱兵か？

一九三六（昭和一一）年度から、師団以下の軍隊の編制には大きな変化があった。最も整備された野戦師団隷下の一個歩兵聯隊の編制は、聯隊本部と三個大隊、通信中隊、歩兵砲中隊（聯隊砲×四）、速射砲中隊（速射砲×四）だった。各大隊は小銃中隊三個と機関銃中隊一個、大隊砲小隊一個である。MG中隊という腕章を着けた兵士の写真があるが、ドイツ語のマシーネン・ゲヴェーァ（機関銃）の略である。

MG中隊の編制は、四個機関銃小隊と一個歩兵砲小隊、それに弾薬小隊と指揮班である。一個機関銃小隊は二個分隊で、各分隊は一銃の九二式重機関銃を運用する戦銃隊と段列（銃馬と弾薬馬）からなる。つまり重機関銃は八銃である。ちなみに日本陸軍は重機関銃を「挺」では数えず「銃」という。

大隊砲とは曲射・平射両用の九二式（七〇ミリ）歩兵砲のことで、小隊は二個分隊で二門である。輓馬一頭で牽けたし、分解しても運べた。放物線を描く弾道で撃つ迫撃砲のようにも、直射する野砲のようにも使えた。

山砲は分解して駄馬の背に積んで運んだ。軽量化のために野砲と比べると各部が華奢《きやしや》だから、弾頭は同じでも装薬が少ない。それでも歩兵聯隊長が直接運用する火砲である。たいへんよく使われたという。

九二式重機関銃の弾薬箱は紙ケースに入った三〇発保弾板が一八連、つまり五四〇発が入り、弾薬馬の背中に振り分けて四個ずつ積んだ。

保弾板の重量は、三〇発の重機関銃弾薬が八一五グラム、保弾板自体が一二〇グラム、紙ケースが七五グラムで、計一〇一〇グラムになった。口径六・五ミリの三年式重機関銃弾薬なら合計八三〇グラムであった。

重機関銃弾薬は一箱が約二二キログラム。一頭でおよそ九〇キログラムを運ぶことになり、馬が倒れたら、この重量を人間が運ぶことになった。

歩兵聯隊では、初年兵に二〇貫（七五キログラム）の土嚢を担ぐよう命令したらしい。軽々と持ち上げたら重機関銃、ふつうに上げたら軽機関銃、持ち上がらない初年兵は小銃手と分けたらしい。当時、農山漁村出身の甲種合格の若者は「兵士の訓練」などたいしたことないと言っている。

戦後、大阪師団（第四師団や特設師団）や東京師団（第一師団同）など、都会の師団は弱かったという評価を聞く。だから都会の人間は駄目なんだという批判にもつながる。確かに精鋭といわれた東北や九州の師団は強かった。東北の仙台第二師団などは「国宝師団」とまでいわれた。しかし、軍隊の機動力のほとんどを馬に頼った時代（それはヨーロッパの軍隊も同じ）である。東北や九州では幼い頃から馬を身近なものとして育った兵隊が多かった。

馬はもともと平原で水分の多い草を食べ、走り回っていた生き物である。それが山や泥濘《でいねい》の中を歩かされ、背中に荷物を載せ、重い輜重車、野砲砲車を牽かされたのである。しかも運びやすさを追求した乾燥馬糧を食べさせられたため、大量の水を必要とした（野戦では飲料として一日三〇リットル、ほかに手入れ・世話用に二〇リットルほど）。馬の皮膚はたいへん弱く、重量物がこすれて起こす鞍傷《あんしょう》にも注意が必要だった。脚もとの蹄鉄も整備が欠かせなかった。

馬が倒れれば、機関銃も、弾薬も、糧食も、山砲も、歩兵砲も、みな「臂力搬送《ひりきはんそう》」といって人間が運ぶしかない。馬を飼うこと、共に暮らすことが少なかった都会師団の兵士たちを弱兵というのは、あまりに不公平な評価である。

戦場の九二式重機関銃

米軍の記録を見ると、重機関銃や軽機関銃に撃たれて死んだ米兵が多い。ペリリュー島の日本兵の勇戦敢闘は『ペリリュー島戦記』（ジェームス・H・ハラス）にも描かれている。手榴弾を投げ、重擲弾筒を撃ち、機関銃の猛射を浴びせる日本兵の様子がしっかり浮かび上がる。絶望的な状況の中でも、歩兵第二聯隊（茨城県水戸）を中心にした守備隊は、掩蔽された機関銃座から正確な射撃を行なっている。また、容易に設置場所を変えられる軽機関銃も大活躍した。その姿は、硫黄島の激戦をアメリカ人の目を通して描いた映画『父親たちの星条旗』（二〇〇六年）や、海兵隊員のリアルな回想記をもとにしたテレビ映画『ザ・パシフィック』（二〇一〇年）にも見ることができる。

戦後まもなくつくられた米国映画に登場する日本軍はすぐに銃剣突撃して米軍のM1ライフルや軽機関銃になぎ倒された。ところが、無駄な攻勢に出ることなく地形や地物を利用し、しぶとく抵抗したのが実際の日本兵の姿だった。

最近の日本兵を正当に評価した映像作品の数々は、戦った米兵への鎮魂にもなる。間抜けで、ぶざまで、銃剣突撃しかしてこない日本兵に楽勝したのでは、戦った米兵に尊敬の念は生まれない。実態に近い戦闘描写をしないと、米兵の奮闘も評価されないのである。

「日本軍は防御に非常に熟達している。彼らは戦術上の利益がない限りめったに退却しない。日本軍部隊はどんなに圧迫されようとも、降伏するとはみなされない。部隊は全滅するまで陣地を守り続ける。日本軍司令官は時間と部隊を与えられ、防御陣地を縦深化《じゅうしんか》している。可能であれば必ず全周《ぜんしゅう》囲防禦《ぼうぎょ》をとる。その外縁は相互に支援したトーチカまたは類似の陣地からなり、小銃兵や狙撃兵により

４人の兵士で搬送する92式重機関銃。前の1・2番銃手は前桿を１本ずつ、後ろの２人（３・４番銃手）はU字形になった後桿をそれぞれ１本ずつ持つ。戦闘時は４番が射手、３番が予備射手、２番が装填手、１番が後方の小隊長との連絡役を務めた。５番から８番の銃手は弾薬箱を運んだ。９番は銃馬駄兵、10番は弾薬馬駄兵だった。

支援されている。陣地は巧妙に偽装され、防御側は目標への非効率な射撃を繰り返したり、攻撃されるまで陣地を遮蔽したりするなどして、可能な限り奇襲の要素を保ち続けようとする」

米軍の情報部による「日本軍戦術」の解説である（一ノ瀬俊也『日本軍と日本兵』）。日本軍は線の防禦ではなく、機関銃や擲弾筒などを十分に何層にも配置した陣地を構成する。迂回されることを防ぐために全周囲に防禦手段をとる。トーチカに近づこうとすると、狙撃兵や小銃による精密な射撃にさらされることになった。また「敵の意表をつく」という日本軍のドクトリンがあり、そのためにはあえて無駄な射撃をしたり、存在を隠したりすることもする。さらに次のような記述が続く。

「機関銃は日本軍防禦における基本的兵器である。この兵器は巧妙に設置、遮蔽され、射界の視野を良好にするために手の込んだ配慮がなされている。銃は固定銃座に据えられて単一の射線しか送れないようになっており、横からの射撃に対する準備はない」

ここでいう機関銃はいうまでもなく重機関銃である。重量のある重機関銃は簡単には射線を変えられない。横方向から撃つべきだという情報部のアドバイスである。しかし、相互に支援したトーチカの存在も指摘しているから、側面から近づこうとしても無理があったようだ。

七・七ミリの九九式軽機関銃

軽機関銃手はエリートだった

一九三七（昭和一二）年五月、新たな『歩兵操典草案』が配布された。正規の改訂は三年後になるが、この『草案』には火力重視の記述がある。

「射撃は先ず軽機関銃要すれば之に若干の小銃手を加えて之を行い敵に近接し、火力の増加を必要とするに至れば所要の小銃手を増加するものとす。火力を増加するに方《あた》り過度に小銃を配列するときは却って我が重火器等の射撃を妨げ、且つ突入に先立ち無益の損害を被《こうむ》るに至ること多きに注意すること肝要なり」

99式軽機関銃。96式軽機関銃のボア・アップ（増口径）型である。銃剣を装着できることも同じ、目立つ相違点は床尾に付いている後脚だった。これを立てることで銃口は一定の高さを保ちやすくした。弾倉の形も7.7ミリ実包のためにカーブがゆるくなり、より垂直に近い。

この文章は草案だから下書きに過ぎないと思ったら間違いである。現場部隊の意見や歩兵学校の研究によって細かい部分は変えながら、ほぼ草案の基本は踏襲される。しかも、拘束力もあり、部隊では工夫を重ねていかねばならないものだった。

「要すれば」というのは軍隊用語で、「必要ならば」という意味である。あくまでも敵陣を攻撃するには軽機関銃という主張が読み取れる。

九六式軽機関銃の制式化から、わずか三年で口径七・七ミリの九九式軽機関銃が制式化された。同時に、小銃も念願の「増口径化」がされて口径七・七ミリの九九式小銃が採用されるようになった。すでに同口径の九二式重機関銃があり、こうして日本陸軍も欧米並みの八ミリに近い弾薬の小銃と機関銃が揃うことになった。

九九式と九六式軽機関銃を並べると、明らかに九九式軽機関銃の方が力強い印象がある。銃身の直径は三ミリ太く、機関部に近い方は五ミリ以上太い。最後部の尾筒底も三ミリ太い。使用する九九式実包はリムレスなので弾倉の曲がり方はゆるく、銃口にフラッシュハイダー（消炎器）が付き、床尾の下にはモノポッド（後脚）が付いている。

短い銃身から七・七ミリの強力実包を撃つので大きな閃光が出る。射手にとっては目に残像が映り、照準しにくくなるのを防ぐため、消炎器が付けられた。消炎器はかなり有効だったが、反動を強くしたことは疑えない。戦後の新しい機関銃では消炎器を使うものはほとんどない。なお、武器学校の所蔵品（次頁写真参照）は、この消炎器が付いていない。

床尾のモノポッドは塹壕戦などの接近戦時に役に立つ。至近距離で敵を見れば、どうしても銃口は上に向いてしまう。夜間でも正確に高さをたもって点射ができるよう、あらかじめ床尾からの高さを固定しておくのだ。短い状態では一五〇ミリ、内部の管も伸ばすと二八〇ミリにもなった。先端はとがっている。

九九式軽機関銃の諸元は以下の通り。（ ）は比較のための九六式軽機関銃のデータである。全長は床尾から消炎器の先端までが一一八五ミリ、床尾から銃口まで一〇七〇ミリ（一〇四八）、銃身長五四〇ミリ（五五〇）、床尾から引鉄までの長さ三五〇ミリ（三三〇）、初速七一五メートル／秒（七三五）、全備重量九・九キログラム（八・七）だった。弾倉重量は六三〇グラムで三〇発の実包を入れると合計一三八〇グラムになった。

99式軽機関銃。照門の構造から射手はなるべく顔を離して操作したようだ。顔を近づけると環穴（かんけつ）が大きすぎて照準しにくい。写真のように頬を銃床に付けて、左目で目視照準器を覗くのがいちばん自然な姿勢である。引鉄にかけた人差し指以外は拳銃型の把握部を握った。細い溝が滑り止め用に刻まれている。円内の床尾板に装備されているのは後脚。

部隊では軽機関銃手はエリートだった。体格もよく、判断力に秀で、我慢強く、忍耐力のある兵が選ばれた。一〇キログラム以上の軽機関銃を持ち、狙撃能力が高く、目標を冷静に狙える者でなくてはならない。さらに副銃手や弾薬手に的確な指示が出せ、何より整備・保全にも気が配れる人だった。当然、平時では一選抜《いちせんばつ》の上等兵（満一年で上等兵に進んだ人）の役目であり、予備役で召集されても、軽機関銃の射手という地位は高かった。

平時の歩兵中隊では四個内務班、二年間の兵役時代では一五人ずつが同じ班で起居した。一選抜上等兵は各班で二〜三人と考えられるから、一人は軽機関銃の射手となったろう。

拡大する支那事変と国力を超えた動員

六・五ミリの九六式軽機関銃は、七・七ミリの九九式軽機関銃とともに最後まで生産された。六・五ミリ体系の装備を保有する部隊がある以上、生産を打ち切れなかったからだ。戦時中の装備改編ほど難しいものはない。新しい兵器には、新しい取り扱い要領と、新しい教範（各種教科書類）の作成、新しい戦術（射程の延伸や弾薬の性能変化に対応する）の教育などが必須だったからだ。素人が考えるように、ほらこれが新しい機関銃だ、すぐに撃てるぞというものでは決してなかった。

しかも、九九式軽機関銃が制定され、生産が軌道に乗った当時は、支那事変が拡大の一途をたどり、次々と国力を超えた動員がされていた頃である。昭和一六年七月にはソ連に対する開戦準備の動員で知られている「関特演（関東軍特種演習）」が実施された。この時、関東軍が満洲に展開していた兵力は約三五万人、これに加えられたのが将兵約五〇万人、馬が一五万頭だった。とたんに関東軍は人員約八五万人、馬二二万頭にふくれあがったのである。

増派される師団は二個師団（第五一、第五七）だったが、満洲・朝鮮にいる一四個師団や飛行集団も動員され、すべての部隊が戦時定員体制になった。その予算総額は、当時、陸軍省軍務局軍事課予算班員だった加登川幸太郎少佐によれば、関東軍は二一億円を要求してきたという。当時の一円を現在の三〇〇〇円ほどと考えると、六兆円という巨額である。それをなんとか折衝で削って一七億円にしたということだ。（『陸軍の反省（上）』）

「戦《いくさ》に勝てばいい」というだけで、国力や生産、補給、国民生活という冷厳な数字に目を向けない参謀本部などの作戦担当者が主導したことである。

戦争とはいかに金がかかるか。満洲の兵備は一人あたり年間三五〇〇円くらいかかった。換算すれば一〇五〇万円である。五〇万人も増やしたら五兆円以上になる。中国戦線での戦費は一人あたり四五〇〇円くらいだった。これが年間三八億円、現在の価値に換算するとざっと一一兆円ほどである。

もともと陸軍省の兵備や動員の主務者たちは慎重な計画を立てていたが、対ソ連戦を最重要課題と考えていた陸軍軍政中央部は本格的な計画を立てていた。一九三六（昭和一一）年に出された「新軍備充実計画」である。昭和一七年度までに平時兵力一七個師団から戦時四一個師団とこれに応じた諸部隊を整備し、それに飛行一四二個中隊（戦闘・爆撃・偵察）を整備するというものだ。これまでの戦時三二個師団、飛行五四個中隊と比べると格段の増強である。

これの裏付けとなるべく、陸軍省は昭和一二年五月、「重要産業五年計画要綱」を発表した。すでに「満洲産業開発五ヵ年計画」も定まり、その実施に移ったのは昭和一二年度（つまり四月）からだった。国力の充実、本格的新軍備といっても、そのスタートは一九三七（昭和一二）年からであり、それを一気に吹き飛ばしたのは、七月の支那事変だった。

「国防の台所観」

昭和四〇～五〇年代に防衛庁（当時）が編纂した戦史叢書三三号の附録に、陸軍省軍務局軍事課資材班の中原茂敏砲兵少佐が昭和一五年七月に軍需動員関係事項をまとめた「国防の台所観」がある。

その内容は恐ろしいばかりにわが国の貧弱な現状が語られている。すべてを引用できないが、主要なものを以下に紹介しよう。なお「新軍備充実計画」とは昭和一八年度の対ソ連開戦に備えたものである。

「火砲」については、現在年間二〇〇〇門を生産している。官は大阪造兵廠、民は日本製鋼、神戸製鋼などを中心に、官民比率三五対六五で製造。「新軍備充実計画」が完成すると四〇〇〇門くらいの能力が見込まれるが、その時点では二万一〇〇〇門が保有量である。全軍動員の場合は、現在の補給率（年五〇パーセント）でも年に一万門をつくる必要がある。ことに一五糎加農《カノン》以上の大口径火砲は一五〇門ほどあるが、その製造能力は一年に五門くらいである。一五糎加農は一門製造に八か月、二四糎榴弾砲は一八か月が必要になる。このような大型の機械を製造する設備の現状は貧弱である。

昭和一二年の支那事変以降、この設備拡充に重点を注ぎ、昭和一八年度までには官有設備拡充費の半分にあたる約四億円（当時）の増加になっている（当然のことに対米英蘭戦争は考慮していない）。

弾薬については、現状では三万台の機械を動かして、砲弾二〇〇〇万発、爆弾一七万発を製造している。その中の砲弾については、現在一日六万発、年間で二〇〇〇万発を製造している。うち三分の一は支那戦線で射耗して、三分の二が蓄積されつつある。現在の保有量は約一五〇〇万発で四億円ほどにあたる。一八年度末の新軍備完成時には六〇〇〇万発、一六億円分を保有することになる。

機関銃に関係する「弾薬」についても書かれている。

現在は月産六〇〇〇万発で昭和一八年度には一億二〇〇〇万発に向上させる計画である。支那事変の発生以来、昭和一四年度までに、弾薬製造に使った鋼材は約五〇万トンで、一八年の新軍備完成後は全軍動員に少なくとも年一〇〇万トンを必要とするだろう。

最後に「火薬」について挙げておこう。

爆弾が多くなったので、最近は炸薬と装薬との比がおよそ二対一であり、現在合計月三〇〇〇トンの能力がある。開戦時には月一万トンが必要だが、一八年度には月六〇〇〇トンに達する。

開戦一年半後の実態

大東亜戦争が始まってほぼ一年、一九四二（昭和一七）年暮れのことである。ガダルカナルの攻防戦があり、たくさんの輸送船が沈み始めた。飛行機だ、弾薬だ、いや船舶を最優先で整備しろと大騒ぎになった。ガダルカナルの撤退があった昭和一八年の初めから「一八年度軍需動員計画」が検討されたが決まらない。年度計画に基づいたふつうの動員ではなく、臨時動員が次々繰り返され、人も兵器も膨大な数が必要になった。

おかげで計画はガタガタである。一九四三（昭和一八）年五月になってようやく決まった計画がある。「航空整備を最優先して、あわせて海運資材（具体的には大発《だいはつ》といわれた上陸用舟艇のこと。これで不足する船舶を補い、ソロモン方面の補給を円滑にする）、防空関係兵器資材（高射砲やその弾薬も含む）の急速、多量の整備に努むるものとす。その他の軍需資材整備は作戦上必須となるものに抑制す」

こうした状況では、小火器の整備などの予算は削られる。以下は、昭和一七年度の生産実績と一八年度の計画数である。一七年度の数字を挙げて、（　）内に一八年度の計画数と比べる。

軽機関銃一万五九〇〇（一万一〇〇〇〇）、重機関銃一万二八〇〇（四〇〇〇）、九二式歩兵砲五〇〇（二五〇）、九四式対戦車砲二〇〇〇（二〇〇）、四七ミリ対戦車砲四〇〇（七〇〇）、九四式山砲一九〇（〇）、九五式野砲一一〇（六〇）、一〇糎榴弾砲二三〇（〇）、一五糎榴弾砲一七七（二〇）、一五糎加農三七（二四）、機関銃関連の小銃実包四億発（二・五億発）である。

火砲の減少も重大だが、軽機関銃と重機関銃の生産計画数の削減が大きい。逆に高射砲弾薬は一三三万発から一七六万発へ、高射機関砲弾薬も一三〇万発から二四〇万発へ増えている。中央では、とにかく現場が頼りにする小火器や弾薬よりも航空機、船舶に重点をかける。もちろん制空権もなくなり海上輸送手段も減る。それでは現場も立ちゆかないだろうということからの判断だが、国民のほとんどはこうした実態を知らなかった（数字はすべて戦史叢書の「軍需動員」から）。

さらに悲惨なのは、昭和一九年度計画である。召集された兵士たちで新しい部隊がすぐできあがる。ところが支給する装備が足りない。さらに戦っている部隊には新しい兵器が渡らない。

以下は「一九年度整備基準（案）」である。小銃八〇万、重擲弾筒三〇〇〇、軽機関銃一万五〇〇〇、重機関銃五〇〇〇、九二式歩兵砲二七五、九七式曲射砲六〇〇、四七ミリ対戦車砲七〇〇、四一式山砲二五〇となっている。野砲は製造せず、九四式山砲だけが二五〇門となっている。大口径火砲は軒並みゼロ。高射砲、高射機関砲だけは整備する。ついでに戦車もゼロが並び、四式中戦車、五式中戦車、一〇糎加農搭載戦車がそれぞれ五輌ずつである。

戦う日本兵の実像

新造された軽機関銃は新編部隊に交付されたが、海外で戦う部隊にも送られた。とくに船舶輸送がなんとかできた沖縄や台湾、小笠原などに届いた率が高かったことだろう。また上海などの中国にも順調に運ばれ、問題はその先だった。連合軍の進撃が速すぎ、各地で兵器弾薬などの物資の滞留が多かった。

また、日本軍の戦い方も当然のことながら、変わってきている。一ノ瀬俊也氏は前掲した『日本軍と日本兵』の中で、ビルマの撤退作戦での日本軍の行動に関する米陸軍省軍事情報部の分析を紹介している。

「追撃する英印軍に圧迫された日本軍は、巧妙に選ばれた足止め陣地の小部隊に有効な後衛行動をとらせることで、その退却を防禦した。この小戦闘を通じて特筆されるのは、敵が決然たる自殺行動を止めたということである。その代わり、日本の後衛隊は昼間は連合軍の前進を妨害し、夜間にその足止め用陣地が完全に包囲されたとしても、大きな損害を被ることなく撤退していく能力を示した。この活動により、日本軍部隊のかなりの割合が孤立化、その結果としての壊滅を免れている」

後衛隊は有利な地形を選んで陣地をつくる。外側に外哨兵を置き、英印軍が接近すると射撃をして包囲される前に主陣地に戻る。英印軍の隊列が主陣地の射程に入っても、集中射撃や一般の射撃も行なわない。敵に機関銃陣地や火点《かてん》を発見させないようにするためである。包囲される前に夜間に撤退する。機関銃手と狙撃手だけが明け方まで発砲を続け、その後、巧みに彼らも撤収していったのである。

大東亜戦争末期の米軍を相手とする陸戦の主な場面は、フィリピン諸島（主にルソン・レイテ）、硫黄島《いおうとう》（イオージマというのは米軍呼称）、沖縄だった。そこでの米軍の記録から、戦う日本兵の実像が見えてくる。こちらも一ノ瀬氏の研究から学ばせていただこう。

レイテ島での戦いである。日本軍防御戦術の教訓には、日本軍狙撃兵は一人で樹上にいることはなく、地上を三、四人で行動していたとある。「集団で行動することで一度に一定量の火力を発揮できた」、また「日本軍歩兵は多くの米軍装備を捕獲して使っていたが、狙撃兵は日本の照準眼鏡付き小銃だけを使った」とある。その「射撃は恐ろしく正確だった」と一大佐は回想している。また、日本軍は「木の上に遠隔操作の機関銃を仕掛けた。操作する日本兵は七五ヤード（六八・六メートル）離れたところのタコ壷の中に隠れていた」という証言も米軍情報部は取り上げている。（前掲書）

ルソン島の戦いについては、米軍情報部が作成した「日本軍大隊長の訓話」についてふれておく。本書のテーマにとって役に立つ情報がある。一ノ瀬氏は、この文書を捕虜の証言、あるいは鹵獲文書から構成されたものと推定された。部下一般に対して歩兵大隊長の少佐が訓話している形式をとっている。

まず、米軍が攻撃に先立って猛烈な準備砲撃をすること、続いて戦車と歩兵が砲爆撃の支援のもとに、日本軍陣地の四〇〜五〇ヤード（三六〜四六メートル）手前まで進み、壕を掘り、包囲の輪を縮めようとすることが説明される。戦車は移動式のトーチカとして使われ、包囲し、殲滅しようとする。米軍は実際の突撃発起地点に到達すると、火炎放射器や手榴弾、擲弾銃で攻撃してくる。レイテ島では近接戦闘が行なわれた例もある。

これに対して日本兵は砲撃中には洞窟に隠れて出ていかない。敵歩兵が有効射程内にやってきたところで、初めて各火器を配置する。標識を最終防衛線の五〇ヤード（四五・七メートル）前方に置き、そこに敵がきたら直接射撃する。小銃、軽機関銃、擲弾筒は、敵が二〇〇ヤード（一八三メートル）より手前に来るまでは射撃しない。重機関銃は三〇〇ヤード（二七四・三メートル）、機関砲・対戦車砲は五〇〇ヤード（四五七メートル）で射撃を始める。

この米軍情報部資料による機関砲とは、めったに記録に出てこない九七式自動砲（二〇ミリ対戦車自動ライフル）だろうか。もし、そうであるならかなり優良装備の部隊だったといえる。

対戦車戦闘については、吉田裕氏が『日本軍兵士』の中で、急造爆雷を抱えた「肉弾攻撃」について書かれている。米軍のM４戦車に対して九四式三七粍砲（昭和九年制式）では有効な反撃ができなかったからである（この対戦車砲はソ連軍のT26軽戦車を撃破し、ノモンハンでもBT戦車に対抗できた）。その後、一式機動四七粍砲が生産された。しかし、この対戦車砲でも側面の車体下部に命中させなければM４戦車を破壊できなかった。現場指揮官からの批判がありながら、兵士の命と引き換えに悲惨な「肉弾攻撃」が行なわれたのだった。

硫黄島の戦い（一九四五年二月～三月）

すでによく知られているように、硫黄島の戦いは水際防御作戦を採らなかった。日本陸軍の対上陸作戦は、中国大陸での敵の渡河行動をその水際で叩くといったものだった。海から上陸する敵にはそれを応用した。上陸地点の拠点となる橋頭堡を築かせずに上陸当初の混乱時を攻撃し、海に追い落とすといった積極的なものだった。
しかし、その戦法は米軍には一向に効き目がなかった。圧倒的な制海権、制空権を握られてしまっては、艦砲射撃や航空機による砲爆撃で水際防御陣地はあっという間に壊滅させられてしまったのである。そこで、硫黄島の小笠原兵団（兵団長栗林忠道中将）は、いったん上陸させた敵を内陸に堅固に構築された洞窟陣地で待ち受けることにした。米軍の準備射撃や爆撃の間は、反撃せずにじっとこらえる。敵が上陸した後に、温存されていた火力で損害を与えようというものである。
島に展開した兵力は、第一〇九師団（混成第二旅団隷下の独立歩兵六個大隊、同砲兵隊、同工兵隊ほか）と歩兵第一四五聯隊、戦車第二六聯隊が中心になった。これに独立機関銃第一大隊、同二大隊、独立速射砲第八大隊、同九、同一〇、同一一、同一二の五個大隊が対戦車砲装備、中迫撃砲第二、同三大隊の二個大隊、独立臼砲《きゅうほう》第二〇大隊、独立迫撃第一中隊、噴進砲《ふんしんほう》中隊が砲兵火力。特設二〇機関砲隊、同二一、同四三、同四四機関砲隊が自動装填式機関砲を持っていた。これに洞窟掘削、その指導を専門とする要塞建築勤務第五中隊、飲料水を確保する野戦作井《さくせい》第二一中隊ほかの総兵力一万三五八六人、これに第二七航空戦隊、硫黄島守備隊などの海軍勢力が七三四七人、合計二万九三三人だった。（人員数は森松俊夫『図説陸軍史』、部隊は大内那翁逸『旧帝国陸軍部隊一覧表』による）
一見してわかるのが、陸軍部隊の豊富な重火器である。しかも師団は歩兵聯隊旗を持たない独立歩兵大隊六個からなる。この独歩《どっぽ》大隊はミニ聯隊といえる。歩兵中隊五個と機関銃、歩兵砲各一個中隊で編成。大隊の火力は、山砲と九二式歩兵砲を各二門、重機関銃八、軽機関銃三〇、重擲弾筒三〇を持っていた。なお、当時の歩兵中隊は指揮班と三個小隊からなり、各小隊は四個分隊、うち第一から第三分隊は軽機関銃一挺と小銃一一挺、第四分隊は重擲弾筒三箇と小銃九挺を持っていた。

独立機関銃大隊は師団長直轄で三個中隊、重機関銃を二四銃装備。中迫撃砲大隊は九七式曲射歩兵砲（口径八一・四ミリの迫撃砲）を三個中隊で二四門、独立迫撃中隊は九四式軽迫撃砲（口径九〇・五ミリ）一二門を有した。噴進砲中隊は四式四〇糎噴進砲（口径四〇〇ミリ、最大射程三七〇〇メートル）が弾重五〇八キログラムのロケット弾を米軍の上陸地点に撃ち込んだ。

独立臼砲第二〇大隊は、九八式臼砲と称された口径三二〇ミリのロケット弾を撃った。この弾に充填された炸薬は四〇キロにもなった。地面を四五度に削ってつくった発射座から毎分五発から一〇発を発射できた。沖縄戦でも投入され、米兵を悩ませた。

特設機関砲隊は九八式高射機関砲を装備した。口径は二〇ミリで対地最大射程は六三〇〇メートルに達した。迎え撃つ敵航空機がなくなれば、対戦車戦闘にも使われた。独立速射砲大隊は口径四七ミリの一式機動四十七粍砲を一二門有した。南方戦線では米軍のＭ４中戦車の側面下部を撃ちぬくことができた。

こうして見ると、硫黄島の敢闘は、あの劣悪な地下壕にこもった将兵の精神力もあったが、豊富な重火器、火砲の量に裏づけられたものといっていい。

沖縄の戦い（一九四五年三月～六月）

沖縄はきたる本土決戦の前哨戦となる戦いだった。米軍は日本本土への上陸作戦のための拠点を得たかったし、日本軍は本土決戦準備のための時間を稼ぎたかった。「過早《かそう》なる射撃を禁止し、敵艦砲や敵機の爆撃を避け、彼我《ひが》混交し、敵が火力支援を不可となる地点に敵を誘導する」方針が徹底された。また、防御陣地相互の有機的な連携、協同戦闘を重視することを周知しようとした。

それはたとえば、防衛研究所にある『大本営陸軍部「戦訓特報第四八号」沖縄作戦の教訓』に記載されている。「他隊依存主義」、あるいは「他隊の正面に敵が来たとき、MG（重機関銃）、LG（軽機関銃）の側射の好機であるのに、発砲によって敵に自己の陣地を知られることを恐れ、射撃しない」、そうした自己本位の戦闘が目立ったとし、結局、それが「他部隊との間隙に浸透を許すことになる危険」を警告している。

「戦訓特報」には、対戦車戦闘についても書かれている。肉薄して爆雷や地雷を投げ込む戦法は決して無効ではなかった。戦車の視界はひどく狭く、車体近くに潜まれたら、対抗する手段がなかった。そこで戦車には歩兵が随伴したり、跨乗《こじょう》（車体に乗ること）したりして肉薄攻撃兵の接近を阻みながら前進するが、そこで「火力は組織化され、敵歩兵を一掃するようにする」ことが重要だとされた。

実際、米軍戦車は機関銃の猛射を浴びて歩兵が離れ、停止したところを爆発物で破壊された被害が多く記録に残っている。この点は米軍記録にも「これらの手法は太平洋戦域における最強の対戦車防御の構成物として完全かつ徹底的に用いられた」とあり、続けて「もっとも頼りにされたのは洞窟やトンネル内の火砲であった」と書かれている。戦後、M4戦車の無敵ぶりばかりを聞かされてきたが、事実は必ずしもそうではなかったことがわかる。(『日本軍と日本兵』)

さらに戦訓特報は、対火炎放射、対毒ガス防御も考慮した陣地、互いの死角をなくす射界の確保に配慮した銃砲眼の構築を奨めている。対して米軍情報部は、「(日本軍は)人員と補給も十分であった。(中略)死角は相互支援陣地に多数の兵器を配することで解消された。障害物、地雷、そして火器の射撃が連合軍歩兵、戦車の洞窟への接近を妨げた」と評価している。(前掲書)

米軍のいう多数の兵器の配備とは、定数どおりの火器や弾薬があったことをいう。あるいは、本土から近く、順調な補給を受けていた硫黄島や沖縄では、物資、資材、銃器、火砲も十分な支給があったからだろう。

現に被服、装具、食糧、兵器など、どれをとっても十分な供与を受けていた。飢えや病苦、補給の欠乏に悩まされてばかりの日本軍、銃剣突撃と自殺攻撃ばかりの陸軍という「定説化」したイメージを持ち続ける人もいる。その実態を知らずにいることは、先人に失礼であるばかりか、現在の私たちの姿もきちんと見えないことにつながると思われる。

第4章　不足する国産軍用拳銃

戦闘のわき役

熊本城の焼け跡から出土した拳銃

二〇〇三（平成一五）年六月、新聞をにぎわせた記事があった。熊本城の本丸周辺の発掘調査で、天守閣横の溝から古いリボルバー（回転輪胴弾倉《シリンダー》）式六連発拳銃が発見されたのである。熊本城の天守閣が炎上して失われたのは一八七七（明治一〇）年二月、西南戦争の時である。

この出土した拳銃は、フレームやシリンダーの形状から、米国製のS&W（スミス&ウェッソン）モデル2アーミーと確定された。陸軍型2号と直訳すべきか。製造開始は一八六一年で、現在でも多

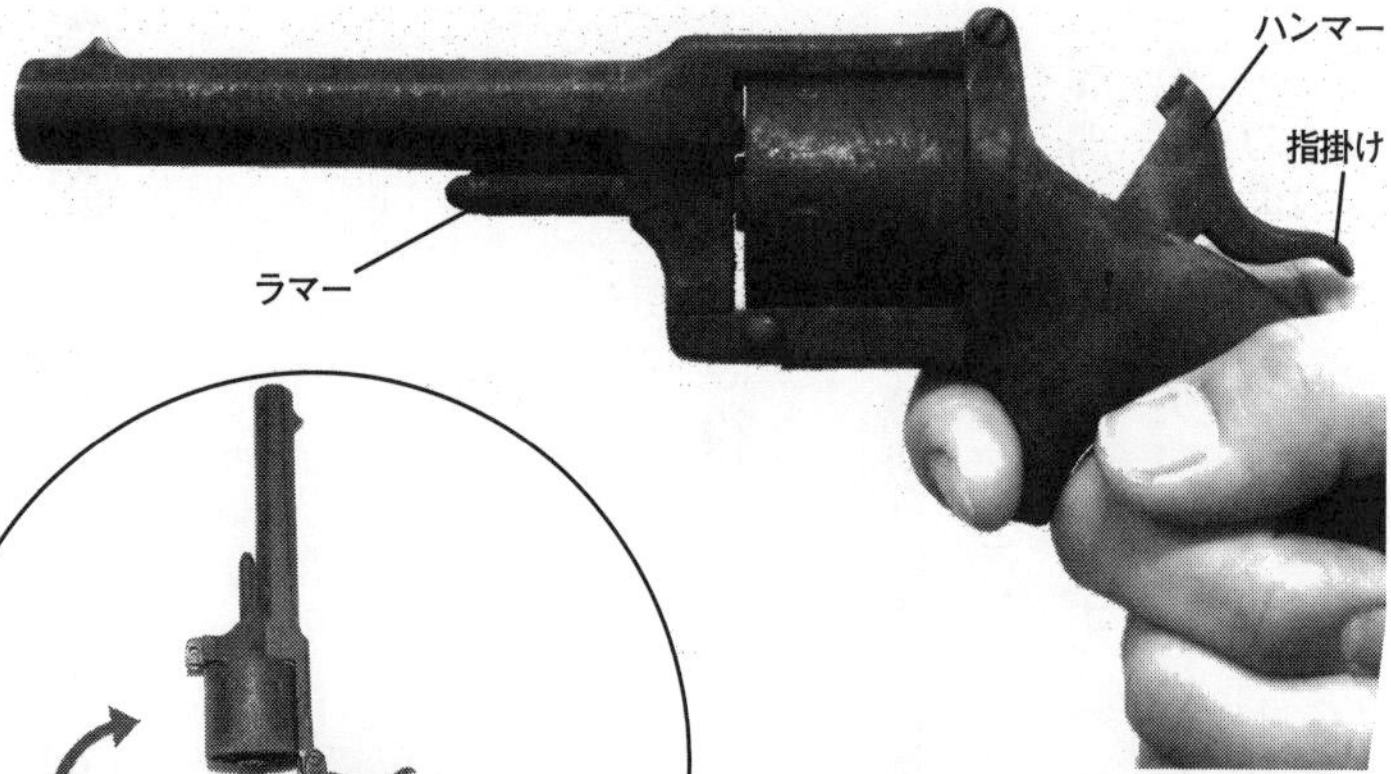

S&Wモデル２アーミーの国産模造品。シングル・アクションなので、ハンマー（撃鉄）に指掛けが付いている。銃身の下に付いているのがラマー（装塡棒）で、これを押して撃ち殻薬莢を排出する。
（陸上自衛隊練馬駐屯地所蔵）

くが残されており、実物を見ることができる。

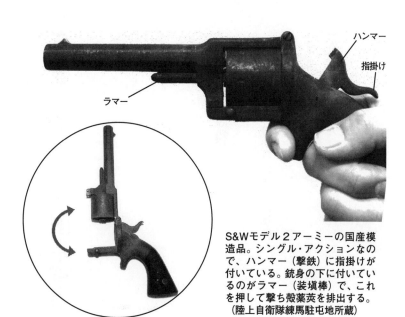

　撃鉄を一回ごとに起こして弾倉を回転させて引鉄を引いて発射するシングル・アクション。外観の特徴として、引鉄を保護する用心鉄（トリガー・ガード）がない。これはシーストリッガー（鞘引き）といい、撃鉄を上げると引き代部分が飛び出してくる構造だ。輪胴弾倉には、レンコンのように弾薬を入れる穴が空き、中心の軸で回転するようになっている。銃身を上に跳ね上げて弾薬の装塡や排莢をする「ティップアップ式」というメカニズムを採用した。弾薬は黒色火薬入りの金属製薬莢で、リムに発火合金が入っており、ここを撃鉄でたたいて発射する。

　口径は三二。つまり一〇〇分の三二インチ、約八・一ミリである。シリンダーに弾を込めるには、いささか面倒な手順がいる。坂本龍馬《さかもとりょうま》

（一八三六〜一八六七年）はこれを実戦に使った。本来この拳銃は六連発なのだが、伏見の船宿「寺田屋」に潜伏中の龍馬は五発を装塡していた。この時代の銃は暴発などの万一の事故を恐れて、撃鉄が弾薬に触れる分一発は空けておいて五発込めるのが普通だったからだ。

伏見奉行所の二人を撃ち倒して、突入をひるむ捕り方の様子をうかがいつつ、再装塡しようとした。その時、はじめて右手が不自由だと気づいたらしい。室内戦闘に慣れた奉行所同心が横から小手《こて》に脇差で斬りつけていたのだ。

再装塡するには銃を折って弾倉を外し、銃身下についたラマー（装塡棒）で空薬莢を一個ずつ押し出す。その後に新しい弾薬を込めて弾倉を元に戻す。右手が使えないのでは、どうにもならなかっただろう。結局、弾倉を取り落として逃げることになった。

熊本城から発見されたこの拳銃の持ち主は誰だったのだろう。当時の政府軍将校には拳銃を携帯する義務はなかった。陸軍将校に拳銃武装の規定ができるのは日露戦争後のことである（一九〇七年）。

ただし、それだからといって当時の将校たちが拳銃を持たなかったということにはならない。将校たちは片手持ちの輸入品のサーベルを提げていた。サーベルは突くことはできたが、接近戦では拳銃もかなり有効な武器になったはずだ。私費で購入した外国製拳銃を持っていた政府軍将校が天守閣の炎上中に誤って落としてしまったのかもしれない。

拳銃の基礎知識

拳銃とはリボルバー（輪胴弾倉式）やオートマチック（自動装塡式）ピストルの総称である。この「拳」という字が当用漢字ではないので、マスコミなどでは「けん銃」としたり、「短銃」と表記したりする。自衛隊でもまた「九ミリけん銃」とか「機関けん銃」などと使っている。

ピストルというのは中世のヨーロッパで生まれた名称である。語源については諸説があるが、確定的なものはない。もともとは馬上で使うために生まれたので、片手で使い、射程も短い、したがって威力の小さい火器をいう。

一九世紀になって輪胴弾倉（シリンダー）式の連発銃をリボルバーと通称し、機関銃の動きにヒントを得て自動装塡・排莢機能を備えた拳銃をピストルと呼ぶことが多くなった。だが、コルト社では一九世紀頃には自社のリボルバー拳銃をピストルとしていたし、英国軍は官給品のリボルバー拳銃を同じようにピストルと呼んでいた。だから、あまり厳密に分けるのも無理がある。

現代では片手で射撃できる小火器をハンドガンという（近頃は両手で保持することもあるが）。輪胴弾倉式をリボルバー、自動装塡式をオート・ピストル、セルフ・ローダーといっている。

長い間使われてきた単発の拳銃は、やはり前装式の燧石《すいせき》式だった。燧石式発火装置をつけた小銃の銃身を短くしただけのものだった。帆船時代を描いた映画の斬り込みシーンなどで見られ、一発撃ったあとは再装塡する時間もないから銃身を握って棍棒のように使った。

そこへ大きな改革をもたらしたのは、やはり雷管の発達だった。まずシリンダーの採用が始まる。弾丸と火薬が入る孔を貫通させた弾倉を開発し、それが回転しながら孔と銃身とが合致するようにした。弾倉の前の穴から火薬と弾丸を入れたら、銃身の下にあるローディング・レバーを使ってラマー（装塡棒）でしっかり圧着させる。

前面の火薬の漏れを確認し、弾丸がこぼれ出ないようにグリースかクリーム状のワックスを塗った。その後に、ネジの差し込み式になっているニップル（受け台）に、銅製のキャップに入った雷管（プライマー）をはめた。このプライマーはパーカッション・キャップともいわれ、この点火方式をパーカッション・ロックともいう。

点火皿に火薬を盛る必要もなく、雨や風にも強かった。これが拳銃にも小銃にも使われるようになった。

プライマーを使う拳銃は米国人、サミュエル・コルトが一八三〇年代に複数型式のものをつくった。同じ頃、英国でもセルフ・コッキングといわれたダブル・アクション拳銃（ＤＡ）を採用していた。ダブル・アクションとは撃鉄を毎回起こす必要がなく、引鉄を絞れば連動して撃鉄が上がり、弾倉も一発分回転するというものだ。引鉄は当然、重くなるが、発射速度を上げることができた。

前装式の面倒な装塡の手順を簡単にしたのが金属製薬莢である。ただし、当初は薬莢に初めからピンを差しておいて、それを打撃して雷管を発火させるピン・ファイアといわれる方式が使われた。これをわが国では「蟹目式《かにめ》」と呼んだ。蟹の目が外に飛び出している様子に似ているからだ。

このピン・ファイア式拳銃は、フランスのカシミール・ルフォショウの開発した一連の拳銃が有名である。わが国にも幕末に多く輸入された。

この方式を試行錯誤の末、改良したのはアメリカである。とうとう薬莢の底部中央についた雷管を打つ金属製一体型の拳銃用弾薬ができあがった。それまでプライマー使用の拳銃に手を出さずにいたS&W社は、この弾薬を用いたシリンダー式の拳銃を開発した。これに対して、コルト社も負けてはいない。次々と新しい拳銃を開発した。西部劇で有名なコルト・ピースメーカーは一八七三年に製造され、いまも人気がある拳銃だ。

S&W社は二二口径の弾薬（直径約五・六ミリ）を採用した。八発も弾倉に込めることができた。これをNo1拳銃としたが、軍用拳銃としてはいかにも威力が小さかった。そうしてつくられたのが、前述の三二口径のモデル2アーミーだった。

日本陸海軍が採用した「S&W拳銃」

陸上自衛隊武器学校の小火器館に大きなリボルバーがある。明治陸海軍が採用した「一番形拳銃《いちばんがた》」である。かなり大型で、用心鉄の外側にさらに中指をかけられる大型のフックが付いている（海軍仕様と思われる）。これが陸海軍で一番形拳銃といわれたS&W（スミス&ウェッソン）ナンバー・3

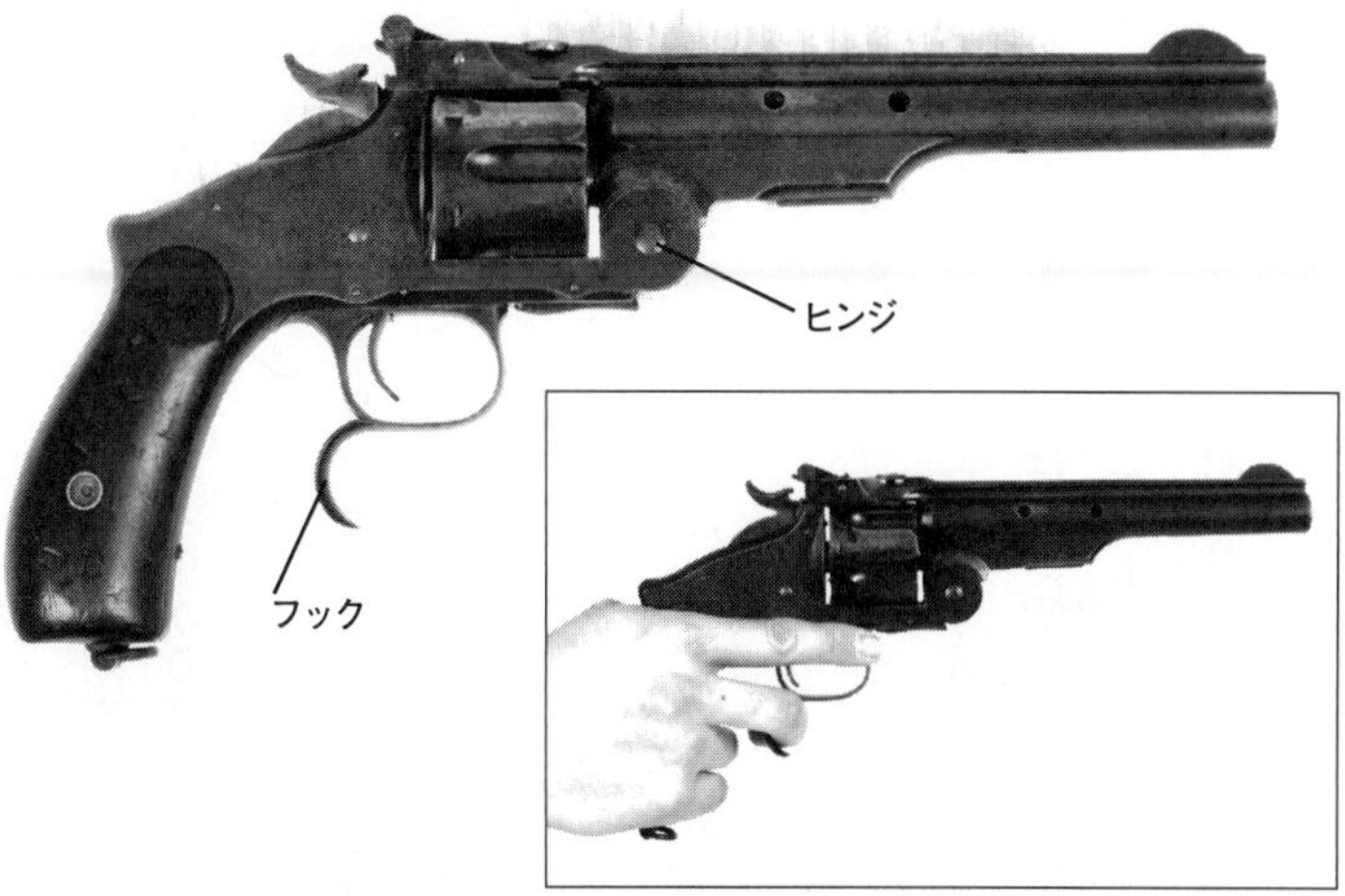

海軍一番形拳銃と呼ばれるS&W社のNo.3リボルバー。モデル２まではヒンジが上部にある跳ね上げ式だったが、これは中折れ式で銃を折ると、一度に排莢できる。用心鉄には保持するときに安定させるためのフックが付いている。

リボルバーである（一八七〇年製造開始）。この拳銃は、制式化されて広く部隊や各種学校に配布された。以下は、杉浦久也氏の『日本軍の拳銃』の論稿に多くをよる。

防衛研究所が所蔵する『陸軍省大日記』を見ると、一八七八（明治一一）年四月付の文書に以下のような内容がある。西南戦争（一八七七年二月〜九月）時、戦地部隊から陸軍省第三局（砲兵局の後身）に「拳銃の増加配備」が寄せられた。そこで第三局は、（東京）砲兵本廠に洋銀建てで一〇三三六ドル二〇セントを用意して、「一番形拳銃」を九五挺と弾薬一万発を集めさせようとした。ところが、東京、横浜で探しても要望に応えることができなかった。

そうこうしているうちに、第三局の頭越しに、当時の陸軍卿山縣有朋がS&W社の日本代理店アーレンス商会に「一番形拳銃」三四一六挺、弾薬九四万三八〇〇発を発注してしまった。研究家の須川薫雄氏の『日本の軍用銃』によれば、合計一万挺あまりも輸入されたという。

杉浦氏が紹介するアメリカの研究者によれば、一八七八年から翌年にかけて、アーレンス商会が仲介し、ラッシャン（ロシアン）と呼ばれる四四口径（約一一・二ミリ）の弾丸を使う3型（ナンバー3）のタイプ2が推定で六〇〇〇挺あまり、わが国に輸出されている。

ただし実戦での評価は見られない。拳銃はいまもサイドアーム（副武装）といわれるように戦闘のわき役でしかないので、記録にもあまり残らないのだろう。

騎兵装備用の国産第一号拳銃

無煙火薬を使ったリボルバー「二六年式拳銃」

国産第一号拳銃の「二六年式拳銃」はダブル・アクション、つまり撃鉄を親指で押し上げる必要がなく、引鉄を絞るだけでシリンダーが回転し、撃つことができる。制式化は一八九四（明治二七）年九月、以来一九二五（大正一四）年までに約六万挺がつくられたという。もとは騎兵幹部用のサイドアームであり、騎兵科将校と同下士に、続いて憲兵科将校に支給された。なお騎兵兵卒は騎銃と騎兵刀で武装する。

26年式拳銃。ダブル・アクション（引鉄を絞ると撃鉄が上がり、続いて撃つことができる）のリボルバーである。日清戦争の直前に制式化されて騎兵の装備品とされた。ブレーク・オープンというヒンジを中心にして折れる機構で、シリンダーを露出させエジェクターで空薬莢を押し出した。

それまでに制式となっていた一番形拳銃、つまりS＆Wナンバー3リボルバーと比べると大きな違いがある。撃発機構はシングル・アクションからダブル・アクションになり、実包の使用装薬が黒色火薬から無煙火薬になったことだ。『陸軍省大日記』の記事を詳細に研究された杉浦氏は、これまでの研究家たちの定説だったフランス製のリボルバーを取得して、それを参考にして陸軍戸山学校で開発したということを否定されている。実際、詳しい経緯は不明だが、東京砲兵工廠で設計されたことは確かである。

軍用拳銃だから決して軽くはなく、口径も九ミリである。また、現在のリボルバーのように、横に弾倉を出すスイング・アクトではなく、ブレーク・オープンという銃身を持ってヒンジを中心に折るとシリンダーのエジェクターが空薬莢を押し出すシステムを使った。これも信頼性を重視した結果だろう。

騎兵どうしの遭遇戦や襲撃の時にはシングル・アクション（一発ごとに撃鉄を上げる必要があるが引鉄も軽く精密な照準が可能）より、引鉄を絞るだけで速射、連射できるダブル・アクションが有利と考えられた。互いの距離が一〇メートルもない接近戦で、せいぜい五～六メートルの敵に当てればいいという考えからだ。フランス騎兵の拳銃戦闘訓練では「敵の身体に押しつけるようにして撃て」といわれていたという。

外観の特徴は、ダブル・アクション専用なので撃鉄（ハンマー）に指掛け（スパー）がなく、サック（拳銃嚢）から抜く時に引っかかることがなかった。

全長は二六〇ミリ、銃身長一二〇ミリ、高さは一三〇ミリ。頑丈なフレームが大きく見える。重量は九二七グラムもある。構造は「中折れ式」である。フレームの上端を押せば、銃身は下に折れてシリンダー（六つの穴があいている）が全体を見せる。現在のリボルバー拳銃のシリンダーは、ほとんどが横に振り出すスイング・アウト式である。これに対して銃を折るようにして弾倉を出すのでテイク・ダウン方式という。

フレーム内の構造はきわめて単純で、左側のサイド・プレートを開けると見ることができる。開ける道具は不要で、撃鉄とハンマー（逆鉤《げきこう》）、撃鉄バネ、支桿《しかん》と押桿《おうかん》、引鉄《ひきがね》という少ない部品で構成されている。支桿というのは撃発のために引き切った引鉄から力を抜いた時に引鉄を元に戻すレバーである。押桿はシリンダーを回すシリンダー・ハンドのことをいう。

頑丈な構造のおかげで、たとえ馬上から落としても壊れない。また、道具がなくても修理・点検が容易であり、軍用にはとてもふさわしかった。照星は大きく、半月形で二段になっている。照門はフレームへの切れ込みである。グリップは後ろから見て、左右対称ではない。左側はメイン・スプリングが入っているから厚みがある。

口径九ミリの実包

弾薬は口径九ミリでわが国独自の設計である。弾頭（弾丸）は『陸軍省大日記』によると重量九・八グラムの鉛だったが、一八九九（明治三二）年にハーグ平和会議の宣言で、ダムダム弾などが禁止されたことを受け、無垢の鉛の弾頭は「不必要ナ苦痛ヲ与フベキ兵器」にあたることから、軍用拳銃弾も銅などで覆うことになった。これがフルメタル・ジャケットである。

この九ミリ弾は低威力だったとされる。全長は三〇・四ミリ、薬莢径九・七ミリ、リム厚一・三ミリ、全体重量は一三・六グラムである。被銅された弾頭重量は九・八グラムだから、たとえばロシアのナガン拳銃（七・六二ミリ）弾の弾頭重量六・二九グラムより圧倒的に重い。

威力の大きさを運動エネルギーの大きさと結びつけるとわかりやすい。弾頭の運動エネルギーは重量と速度の二乗に比例する。ただし、専門家の多くはこの運動エネルギー＝威力とは単純に認めなかった。そこで、弾頭の客観的パワーを求めるジュールという計算式が現在では主流になっている。

ジュールの計算式は（速度の二乗・m／秒）×（重量・グラム）÷二〇〇〇で求めることができる。二六年式拳銃は（二二三〇×二二三〇）×九・八÷二〇〇〇＝二五九・二一、ナガン拳銃は（三二六・一×三二六・二）×六・二九÷二〇〇〇＝三四四・四四という数字が出る。確かに口径こそ九ミリだが、ジュールではナガン拳銃の約七五パーセントの威力ということになる。

兵器工業の端境期

残念ながら日露戦争では、拳銃はあまり使われる場面が起きなかったらしい。乗馬騎兵戦がほとんどなかったからだ。よく知られるように、日本陸軍の騎兵旅団は「乗馬歩兵」として、機関砲の掩護下によく戦った。騎兵の主武器は三十年式騎銃であるが、ホチキス繋駕機関砲がコサック騎兵を撃退し、ロシア歩兵を撃ち倒したのである。

では、歴史上でどのような場面で二六年式拳銃は登場するか。それは日露戦争前の東京砲兵工廠のいわゆる「端境期《はざかいき》」対策である。このリボルバー拳銃は清国に輸出されて、外貨を獲得していたのだ。『日本軍の拳銃』によれば、明治三六年以降、四三四九挺が輸出されている。

ここで軍事史家にはよく知られている「端境期」について説明しておこう。

陸軍が新兵器を制式にすれば、その調達数が明らかになる。すべて新装備に更新されるまで、砲兵工廠は生産計画を立てる。陸軍省が示した期日までに全数を納入し終わらねばならない。日露戦争まで、陸軍は常に規模を大きくしてきた。師団数だけでも日清戦争（一八九四〜五年）は近衛も含めて七個で戦った。それが戦後には、一八九六（明治二九）年から第七から第一二師団までの六個師団、騎兵二個旅団、砲兵二個旅団、そして台湾に混成三個旅団を増設することにした。

兵器の製造数はうなぎ登りである。新型の三十年式歩兵銃、同騎銃、そうして三一年式野砲、同山砲、そのほか附属品などの製造で工廠は大騒ぎになった。兵器の性能も向上しているから、工程数も増え、次々と機械設備と工員を砲兵工廠では増やし続けねばならない。そのための予算手当ては陸軍省が行なう。しかし、その生産予定期間が終わったとたん、工廠にはまるで仕事がなくなってしまう。そのため工廠を維持する経費も、翌年からバッサリと削減される。

問題はそこから起こった。熟練職工の退職である。当時のわが国には、ごく一部しか終身雇用という考えはなかった。今のような老後年金も退職金も、保険もなかった時代である。腕一本で世の中を渡っていく職人や職工も多く、彼らはよりよい待遇を求めて職場を渡り歩くのがふつうだった。工廠を辞めても、民間企業は大喜びで採用した。性能の低い中古の外国製工作機械を使いこなして、なんとか外国製兵器と立ち向かう武器をつくった腕前だったからだ。

熟練職工はいつも決まった数だけいなければならない。戦時増産、新式兵器の発注があっても、素人工員なら集められるが、熟練工員はすぐに集まらない。彼らに仕事を与え、転職を防ぐ、そのために兵器輸出があった。

輸出を考えた拳銃

将校は自前で拳銃を用意した

将校の拳銃は自弁《じべん》だった。官給品を定数そろえて貸与される自衛官も驚くのだが、昔の陸海軍将校には被服も装具もめったに官給品はなかった。任官する時には驚くほどの費用がかかり、そのために特別な手当て、といってもとても必要額にはとても達しないが支給される規定があった。

「武士は食わねど高楊枝」などという言葉も死語になったが、武士の伝統をひく高等武官たちは自分たちの経済生活などろくに記録に残していない。だが、戦時はともかく明治末から大正時代、昭和戦前期という平和な時代は、世間の好不況にかかわらず、経済的には恵まれないのが現役軍人の実態だった。当時の主婦向けの家庭雑誌にはしばしば将校夫人たちの苦労話も載っている。

将校たちの服装規定に初めて拳銃が載るのは、なんと日露戦争後の一九〇七（明治四〇年）である。しかもそれは武装部隊の指揮官として隊列にある場合の規定だから、ふだんの将校たちは指揮刀だけを提げていた。「いざ、動員」（戦時体制になり、それぞれの戦時補職に就く）となって、あわてて拳銃を用意したという話も多い。また、将校たちの親睦・研修団体である「偕行社」には購買部があり、そこに出店している銃砲店から購入したという手記もある。

日露戦争の写真を見ると、高級将校たちの多くは自動拳銃（オートマチック・ピストル）らしい小型の拳銃嚢を提げている。幕末・維新以来、銃輸入販売業者にとって陸軍軍人ほどよい顧客はいなかっただろう。

自動拳銃の仕組み

リボルバー（輪胴弾倉）型拳銃についてはすでに解説したので、ここでは連続して弾を撃てる自動拳銃の仕組みについて紹介しよう。

引鉄を引き続ければ、弾倉が空になるまで撃ち続けられる銃をフル・オートマチック（全自動）、一発ずつ引鉄を引いて撃つものをセミ・オートマチック（半自動）という。そのメカニズムは大きく三つに分類される。

まずブローバック（吹き戻し）。これは発射ガスの砲底圧を利用する方式である。薬室内で火薬が燃焼すると発生した大量のガスにより薬莢はスライドとともに後退する。この時スライドに取り付けられた抽筒子《ちゅうとうし》（エキストラクター）が撃ち殻薬莢（空薬莢）のリムを引っかけ薬室から引き抜く。引き抜かれた薬莢はフレームに取り付けられた蹴子《しゅうし》（エジェクター）に尻を蹴られて銃から排出される。空になった薬室には弾倉（マガジン）から上がってきた次弾が入る。銃身とスライドの固定は、リコイルスプリングとスライドの重量で対応するのであまり強力な弾薬には向かない。

次にショート・リコイル。弾を撃ち出した後の反動（リコイル）を利用する方式である。装薬量が多い弾薬の場合、過早にスライドが開くと高圧ガスの噴出によって射手が危険になったりする。そのため、弾頭が銃口を出て銃身内の圧力が下がるまで銃身とスライドを機械的に固定して数ミリ（ショート）後退させてから、結合を解いて薬室を開放し排莢を行なう。

最後の方式は、発射ガスを使う方法である。機関銃や最近のアサルト・ライフルのほとんどはこの方式を採用している。また一部のショットガンやオートマチック・ピストルでも使われている。銃身前方にある穴から細い円筒（ガスシリンダー）に火薬ガスの一部を導いて内蔵されたピストンを押すことで薬室とボルト（遊底あるいは活塞）の機械的固定を開放する方式である。

九ミリ・パラベラム（ルガー弾）、45ACP（米軍仕様の四五口径弾）という威力の高い弾薬を使う拳銃はショート・リコイル方式が採用され、軍用拳銃は主にこの方式である。それ以下の弱装弾薬ならブローバック方式と考えていい。

南部がつくった軍用自動拳銃

日露戦争直前の一九〇三（明治三六）年、南部麒次郎の設計による最初の国産自動拳銃が完成したらしい。これにはショルダーストックが付けられる輸出用の甲型と小改造して海軍が使った乙型、将校の自費購入用の小型の三種類があった。明治四〇年代に乙型を陸軍制式にする機運があったものの、結局これら三種の拳銃は陸軍に制式採用されることはなかった。

戦争直前であったため主力小銃である三十年式歩兵銃、同騎銃の生産が最優先され、本格的に拳銃の生産がスタートするのは、戦後になってからである。

『偕行社記事』を検証された杉浦氏によれば、明治三六（一九〇三）年八月発行・第三二〇号に「新拳銃」という記事がある。その中に木製のショルダー・ストック（肩付け銃床）について言及があった。また弾倉が二個あること、それぞれ一〇発の装弾数があるという。その後の甲型拳銃は八発であることなどから、ホルスターにもなったストック（木匣《もっこう》）を装着ができるモデルから設計を始めたと杉浦氏は推論されている。

すでに一九〇〇（明治三三）年にはスイス軍がパラベラム・ピストルを採用していたし、ベルギーのFN社がブラウニング1900も販売していた。また、一九一一（明治四四）年には米軍が有名なコルトM1911自動拳銃を制式化した。同じ時期にはスイスのパラベラム・ピストルの弾薬と機構を改良したP08（ルガー）拳銃がドイツ軍によって採用され、グリップ部に弾倉を収納するスタイルが評判を呼んだ。

南部式大型自動拳銃はこのP08拳銃のグリップ部に弾倉を収納する基本設計を受け継ぎ、そのほか引鉄、弾倉、マガジンキャッチ（弾倉受け）、撃鉄のないストライカー式の撃発方式なども参考にしている。ただし閉鎖機構はルガーの複雑なトグルロックを採用せず同じドイツのマウザーC96のプロップアップロックを採り入れている。

安全装置はグリップを握りしめない限り発射できない仕組み、いわゆるグリップ・セーフティである。何より特徴的なのは遊底を開いたままにしておくスライド・ストップのレバーがない。空になった弾倉を抜くと、そのまま遊底は閉じてしまうのだ。

多くの自動拳銃は弾倉の弾を撃ち尽くすと、スライド（遊底）が開いたまま動かなくなる。射手はそれに気づいて弾倉を引き抜き、次の弾倉を入れる。弾倉を入れると、スライドは最上部の弾を薬室に送り込みながら自動的に閉じ発射できるようになる。南部式はスライドが開かないので、弾倉交換の後に、小銃でいえば槓桿にあたるコッキング・ピースをもう一度引かなくてはならなかった。

おそらく南部は戦闘中に弾倉を交換しなければならないような切迫した場面が起きるとは考えていなかったのだろう。実際、拳銃が銃撃戦で役に立ったという記録はめったにお目にかかれない。ジョン・ウィークス氏の『第二次大戦歩兵小火器』によれば、ある有名なイギリス軍の将軍の証言が紹介されている。「第二次世界大戦中に、ピストルの射撃によって死傷した兵士の数は三〇名だった。しかも、そのうちの二九名までもが、不幸なことに、安全な操作をおこたった味方のピストルの暴発事故の犠牲者だった」

南部式自動拳銃の構造と特徴

反動利用方式を採用した南部式自動拳銃の特徴の一つが次弾装填のための復座バネ（リコイル・スプリング）の位置である。フレーム（本体）の左横にもう一つの円筒をつくりつけ、その中に小型で強力なバネを入れた。ほとんどの自動拳銃は、復座バネの位置を銃身を包む円筒（ボルト）といっしょにしたが、南部式拳銃の円筒後部（結合子《けつごうし》）は撃茎と復座バネの両方を押さえるので、ひょうたんの形をしている。

実銃を握ると、その木製グリップ（銃把）の感触が快い。細かい手作業のチェッカー模様がついて鉄の感触が少なく、非常によく手になじむ。グリップの上部は幅が六四ミリもあり、高さも一一五ミリと十分な大きさがある。銃全長は二三〇ミリ、銃身長一一〇ミリ、高さ一四・五ミリ、本体の厚さは三〇ミリ、重量は八八〇グラム、タンジェント式の照尺が付き一〇〇メートルごとに最高五〇〇メートル。装弾数は弾倉に八発、薬室に一発の計九発である。生産数は大型甲が約二四〇〇挺、大型乙が約一万挺、小型が約六五〇〇挺である。

弾倉は全長が一三七ミリ、幅三一・五ミリ、厚さ一六・八ミリ、重量は一〇〇グラムだった。左側のボタンを押すことで抜くことができた。

南部の願い

南部麒次郎は見通しのきく人であり、当時の軍人らしくなく、兵器を輸出して外貨を稼ごうと考えていた。しかし、それは官立工廠という組織の宿命と無関係ではなかった。前述のように、平時になると工廠は閑古鳥が鳴く、それをなんとか次の大仕事まで維持しようという願いを南部は強く持っていた。日露戦争をなんとか勝利すると、兵器産業には不況が押し寄せた。装備品の損耗はなくなるし、兵器が改良されることもない。仕事は一気に減ってしまう。

運営費や人件費も削られ、陸軍中央の財務担当者は冷淡である。職工たちはより条件のよい職場に移ってしまう。それを防ぐためには常に仕事がなくてはならない。日露戦争は、野戦軍一〇〇万人、留守部隊も入れて動員された総人員は一二四万人、小銃製造所がつくった三〇年式歩兵銃は六〇万挺にも達した。

世間は戦時中の過剰な設備投資のおかげで、深刻な戦後不況の中にあった。なんとか工廠の職工の足止めをしなくてはならない。そのためには輸出用拳銃を製造するという努力をしたに違いない。

しかし、輸出はうまくいかなかった。杉浦氏の精査によれば、一九〇三（明治三六）年から〇六（明治三九）年までで、南部式自動拳銃甲型はわずかに二一七一挺にとどまる。同実包は三六万発の売却の記録がある。この頃、南部は清国の南部に出張しているが、市場調査に行っていたのだろう。輸出が不調だった要因は、実績ある欧米諸国の拳銃に比べて、南部式拳銃は国際競争力がなかったからである。

南部式自動拳銃実包の評価

南部式自動拳銃の八ミリ弾薬は南部が独自に設計した拳銃弾である。この弾薬の評価は高くない。あくまでも推測であるが、南部は現場での学びだけで、きちんとした造兵工学を体系的に学ばせてもらったことがなかった。のちの造兵将校たちは砲兵か工兵で、帝国大学の造兵学科など、今でいう内地留学したり、外国留学をしたりしていたが、南部中将はひたすら砲兵工廠勤務だけで学んだ。

弾頭重量は六・五グラム、雷管は真鍮製で装薬は〇・五グラム、初速は三四〇メートル／秒だった。これは九ミリ・パラベラム（一九〇二年、ドイツ）の弾頭重量一〇・七グラム、初速三五〇メートル／秒や、七・六三ミリ・マウザーの弾頭重量五・六グラム、初速四二六・七メートル／秒と比べると、威力ではどちらの七割にも達しないことになる。

七ミリ実包の南部式小型拳銃

南部式小型自動拳銃をアメリカ人はベビー・ナンブと呼ぶ。生産総数は六五〇〇挺といわれる。八ミリの大型拳銃を、七ミリ弾が使えるようにスケールダウンし、将校用拳銃とした。全長は一七二ミリ、小型である。銃身長も八三ミリしかなく、高さも一一四ミリ、厚さは二六ミリ、重量も五九五グ

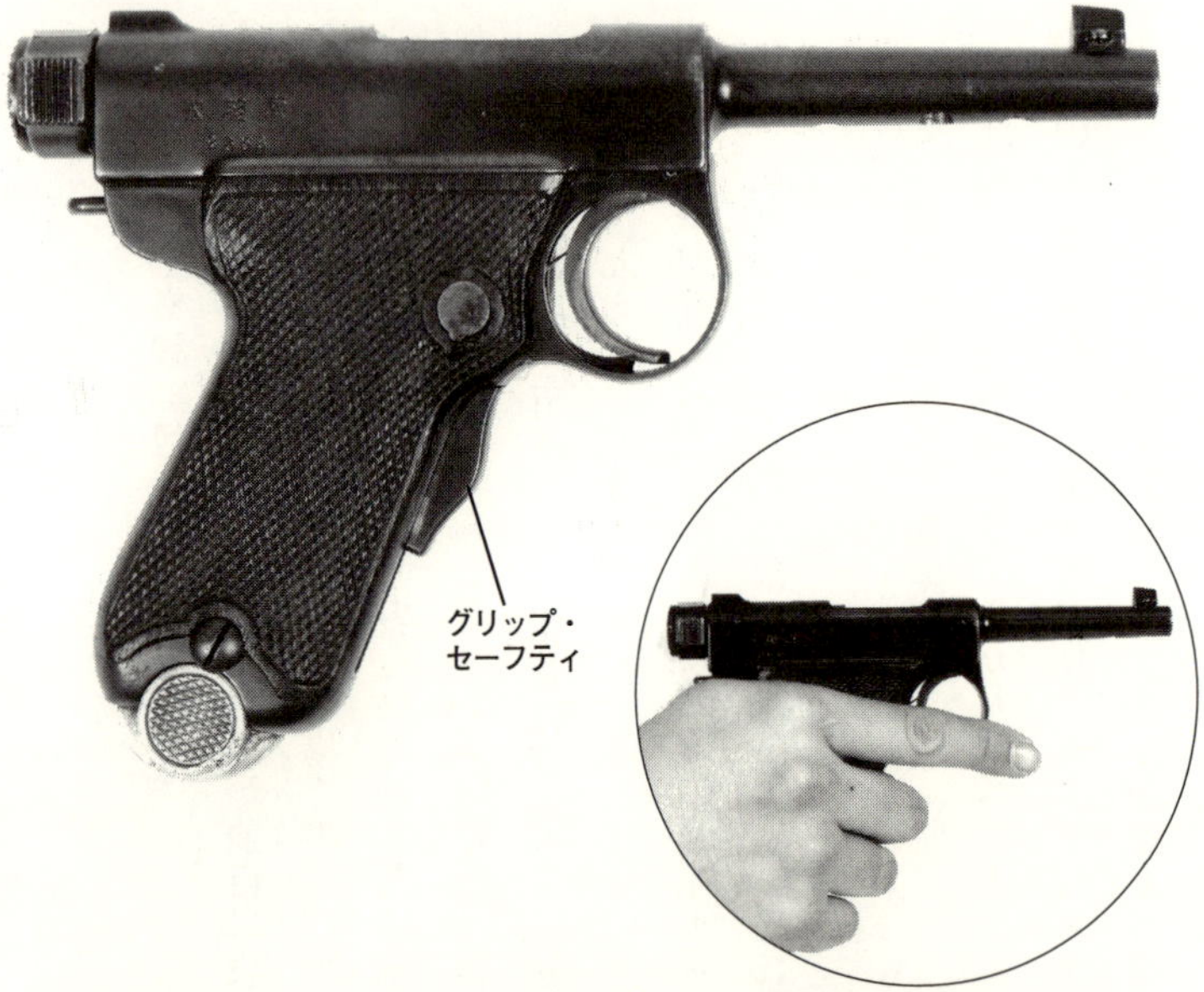

南部式小型自動拳銃。８ミリの南部実包を使う南部式拳銃を口径７ミリにスケールダウンして将校用の装備品としてつくられた。重量も590グラムしかなく、全長も112ミリしかない。安全装置は銃把の前を強く握らないと引鉄が落ちないグリップ・セーフティのみである。

ラムしかない。装弾数は弾倉に七発、薬室に一発の計八発である。初速は三一〇メートル／秒だった。

陸上自衛隊武器学校小火器館に現存するこの拳銃には菊のご紋章と「御賜」の文字が彫られている。軍学校の優等卒業生に下賜《かし》されたものだろう。仕上げも素晴らしい。

日露戦争では歩兵科将校の損耗率はきわめて高く、戦闘死者の率でいうなら圧倒的に高かった。大尉・少佐の二〇パーセント、中・少尉の一五パーセントは亡くなった。接近戦や白兵戦などで拳銃を必要とすることがあったに違いない。彼らがどんな拳銃を持って行ったのか、きちんとした統計は見ら

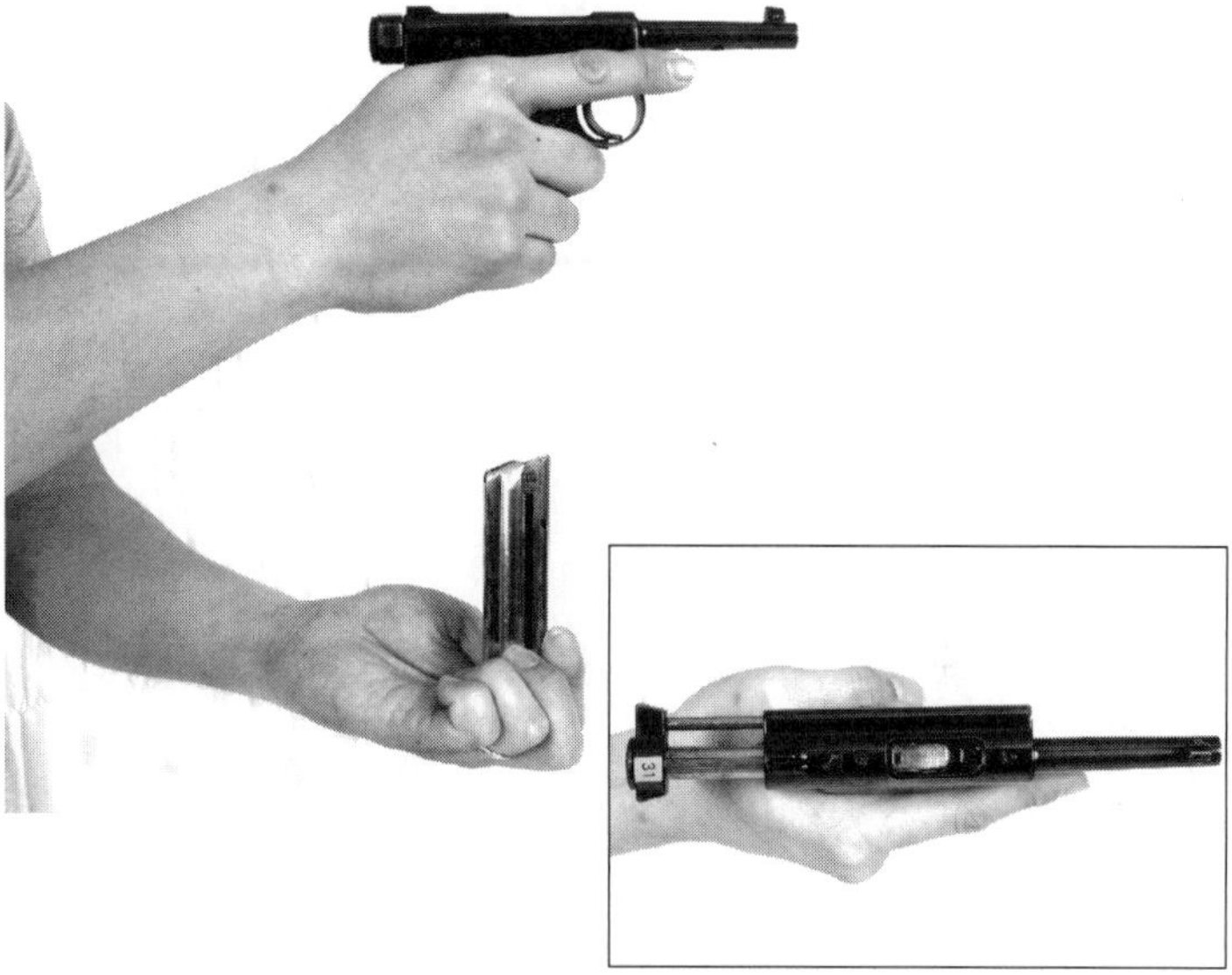

南部式小型自動拳銃。東京砲兵工廠（現文京区小石川）と東京瓦斯電気（のちの日立）で約6500挺しかつくられていない。弾倉はクローム・メッキされ、各部も丁寧な仕上げがされている。陸自武器学校で所蔵されている同拳銃のフレームの上には「御賜」と刻まれ、陸軍大学校優等卒業者に贈られたものと思われる。

れない。

ただし、自衛隊駐屯地・基地の資料館や広報館には多種多様な外国製拳銃が残されている。よく見られるのが、ブローニング１９１０自動拳銃である。32ＡＣＰといわれる口径七・六五ミリで、欧米では護身用拳銃として用いられた。八ミリ南部式拳銃弾より非力であるが、二六年式の九ミリ実包よりは威力があった。全長が一五二ミリ、銃身長八七ミリ、重量は五七〇グラムで初速は三〇〇メートル／秒だった。

将校の多くは、軽くて、安価な外国製の民間用拳銃を携帯したのだろう。

十四年式・九四式拳銃

リボルバーかセミ・オートか？

一九二五（大正一四）年一一月一三日、新しい軍用自動拳銃が仮制式になった。大正一四年なので、命名の原則に従って、十四年式拳銃と名づけられた。この時代、国産の軍用自動拳銃を有する国は少なかった。というのも第一次世界大戦を経験しても、リボルバーかセミ・オート（自動拳銃・引鉄を引くたびに一発ずつ弾丸が発射される）のどちらが軍用拳銃にふさわしいかの結論が出ていなかったからだ。

一九二〇（大正九）年、陸軍技術本部は新しい兵器研究方針を出した。その中に拳銃は自動化するという記載があった。第一次世界大戦の頃の列強は、イギリス、フランス、ドイツ、オーストリア、ロシアになる。この中で自動拳銃を制式化していたのはわずかにドイツとオーストリアだけだった。アメリカを加えても、三か国しかなかった。

リボルバーは構造が単純で、操作も容易であり、耐久性も高かった。壊れにくい、手入れしやすいというメリットがあった。一方で装弾数が少ないという大きな欠点があった。大口径の弾薬ではシリンダー（輪胴弾倉）の直径が大きくなるので、せいぜい六発が限界だった。装塡も専用のクリップを

14年式拳銃。大正14（1925）年に制式化された陸軍初めての自動拳銃である。20年間で27万挺がつくられ、わが国で生産された拳銃の60％を占める。「南部14年式」と称されて南部麒次郎の設計と誤解されることがあったが、実際は別人の設計である。

使うこともできたが、自動拳銃のように弾倉を着脱する方式に比べると手間がかかった。

一方、セミ・オートは軽量で装弾数も多く、連射時間も短いが、構造は複雑で、何より不発が起きたり、装塡や排莢などに作動不良があると、修復に時間がかかった。

大きかった十四年式拳銃

十四年式拳銃の評価は決して高くない。杉浦氏が指摘するように、右手で保持したまま操作できない左側面の引鉄上部に位置する安全装置、細すぎるグリップ、弾倉が抜け落ちないようにフレームの前面に取り付けられた板バネなど、ひと言でいえば、不思議なデザインである。「南部十四年式拳銃」と南部麒次郎の設計への関与が疑われる呼び名が伝えられてきたが、それは誤りであったことは杉浦氏の考察に詳しい。（『日本軍の拳銃』）

この拳銃の設計者は杉浦氏の調査によって、吉田智準《とものり》砲兵大尉（のち少将）だったことがわかった。吉田大尉はのちに小倉工廠銃器製造所長、小倉造兵廠長もつとめた小火器のエキスパートだった。設計時は東京工廠廠員である。それにしても、この拳銃の設計、試作、審査のどれをとっても拙速という言葉しか思いつかない。おかげで、戦時になると次々と改良がされるようになった。以下、杉浦氏の前掲書の記述にもとづき解説する。

その第一はマガジン・セーフティの追加である。マガジン・セーフティとは弾倉を抜いた状態では発砲できず、挿入すれば撃てるという、ジョン・ブローニングが発明した内蔵された安全装置である。ブローニング・ハイパワーやマウザーHScやS&Wの一部のピストルに組み込まれた。しかし、おそらくは構造が複雑になるので多くの軍用拳銃には採用されなかった。諸外国の軍用拳銃でこれを採用したのは珍しい例になる。

次にファイアリング・ピン（撃茎）の短縮と、その移動量の増加である。寒冷地ではよく長いピンが折れるという事故があった。このためピンを短くしたが、当然、ほかの機構も改造が必要になった。

第三に、用心鉄（トリガーガード）の大型化である。引鉄の前面からガードの内側まで三二・八ミリもある。改修前の前期型（前頁写真参照）では二一・一ミリしかないので、寒冷地の手袋の厚みから大きくしてくれという声があがったのは理解できる。ところが、不思議なことにのちの九四式拳銃

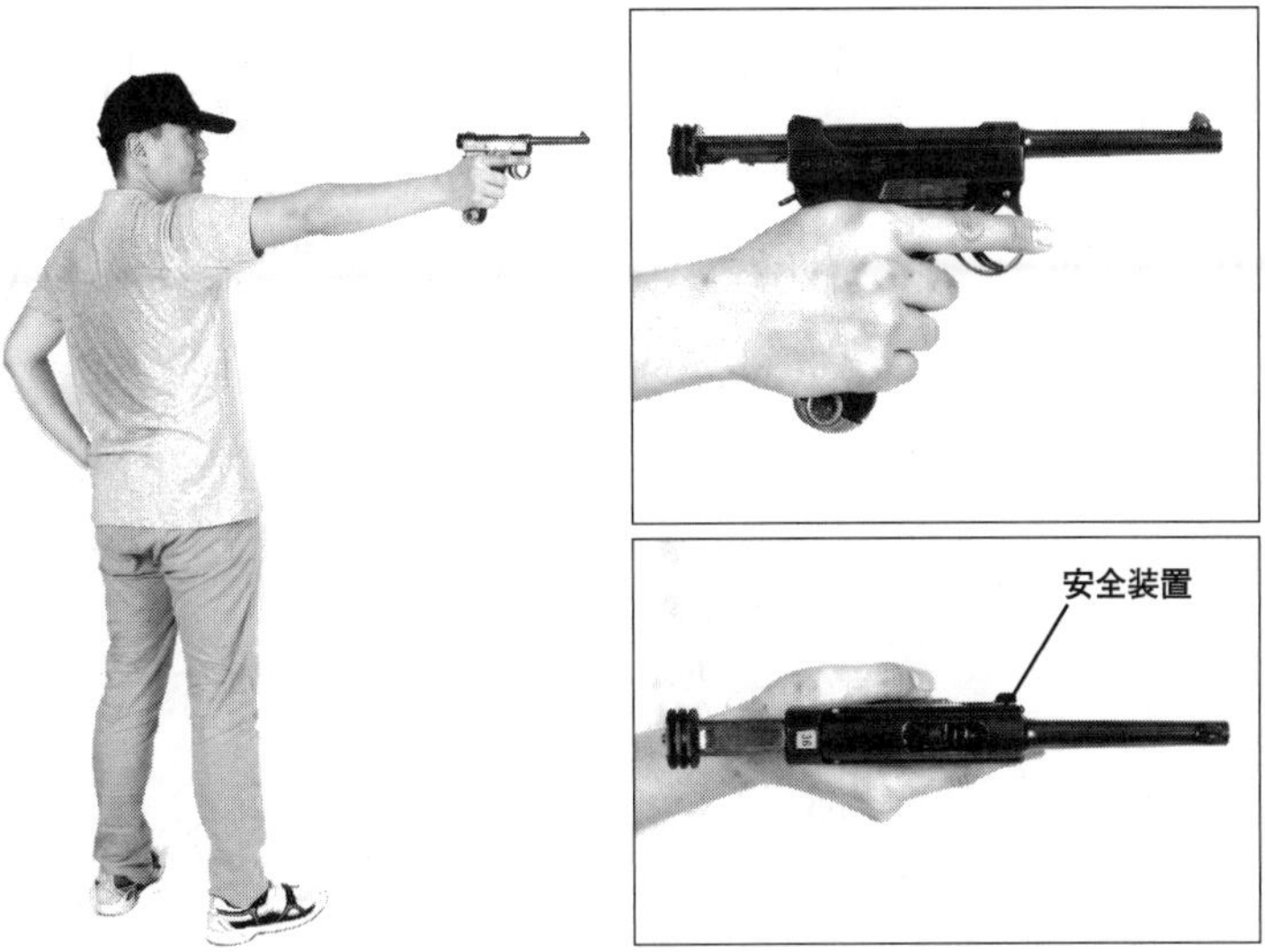

14年式拳銃。南部式の特徴だったフレームの左横にあった復座バネ１本を細い２本にして、フレームの内部に入れた。自動装塡の方式は反動利用式である。安全装置は左側面にあった。銃把を握ったままでは親指が届かず、左手で操作しなくてはならなかった。

では、同じように測定すると二九・三四ミリである。このサイズで十分なものをさらに大きくする意味があったのだろうか。

十四年式拳銃の全長は二三〇ミリ、銃身長一二〇ミリ、高さ一五〇ミリ、厚さ二七・五ミリ、口径八ミリ、重量八九〇グラム、装弾数は弾倉に八発、薬室に一発である。

弾倉は全長が一四〇ミリ、幅三一ミリ、厚さ一五ミリ、重量が八六グラム。これを収納する拳銃嚢（ホルスター）の大きさは全長二四〇ミリ、横幅一九〇ミリ、厚さ七〇ミリ、重量は四六〇グラムあった。弾薬一発一〇・九グラムだから、弾薬八発入りの弾倉一個の重量は一〇九三・二グラムになる。それに四六〇グラムのホルスターが加わるから拳銃を携帯すると、約一・六キログラムの重量になった。

この重さは、戦車乗員や砲兵、航空機乗員、機関銃分隊長にとっては迷惑なものだっただろう。憲兵のように威容を見せるにはよかっただろうが、野戦での実用にはひどく面倒な思いをしたことだろう。

南部式拳銃との違いは、フレームの左側に出ていた一本の復座バネを二本にしてフレームの内側の左右に配置したことである。後ろから見ても左右対称になった。生産数は約二七万挺にもなり、日本軍の代表的な拳銃である。

ホルスターには拳銃のほかに予備の弾倉一個、別に一五発の弾薬、クリーニング・ロッド（棚杖）一本が収められている。さらに一九三八（昭和一三）年以降の製品には、予備の撃茎（ファイアリング・ピン）が一本入った。たいへんなのは弾倉に弾薬を込める時である。弾倉の左側に開けられた細長い溝に、棚杖のクランクになった部分を差し込んでスプリングを押しつけながら一発ずつ装填する。戦闘中にはとてもできないことである。

打撃力不足の弾薬

十四年式拳銃の八ミリ弾薬の欠点は、何より打撃力不足だった。おそらく兵器をつくるという総合的な視野がなかったことによるだろう。極言すれば、銃器は弾薬を発射するプラットホームに過ぎない。過去、大きな進歩は弾薬の発達のおかげであるという事実を忘れてはならない。火縄銃から燧石銃へ、それから雷管式へ、発射システムの進歩があった。と同時に、弾薬といわれる弾丸と装薬の改善・改良こそが火器の進歩といえるだろう。

ただ褒めるべきは、たとえ熟練職工の最後の仕上げに頼ったとはいえ、明治維新からわずか六〇年ほどで、西欧の技術に負けない機構の銃器をつくり上げたことだ。この事実は確かに称賛に値するが、どうしてもできなかったのが拳銃弾の設計・改善だった。

拳銃は主武装ではなかった

実戦での拳銃の評価はほとんど残っていない。拳銃が有効な近距離戦闘などろくに起きなかったし、白兵戦もまずなかったのが第二次世界大戦である。欧米人にとっては拳銃こそ、必ず携帯しなくてはならない必須の武器だった。実際には戦場で役に立たなくても、身分を表す装具であり、指揮権を持つ者の表象だった。なかでも高級将校たちは拳銃に愛着を持ち、好きな意匠を施した。有名な米陸軍のパットン将軍は、騎兵の出身ということもあり、美しい彫刻を施した象牙のグリップのコルト・シングルアクション・アーミーやニッケル仕上げのS&W357マグナム・ハンドエジェクター・リボルバーを腰に提げていた。。

軍刀は重く、外装も入れて一キログラム以上ある。少しでも軽い拳銃を買おうと思うのが多くの日本の将校の本心だった。そういう国民にはなかなかよい拳銃はつくれない。

米軍に酷評された「九四式拳銃」

戦後、米軍の調査によるわが兵器への評価はひどく低い。なかでもこの最後の制式拳銃「九四式拳銃」については、「グリップが小さく、フレームが大きい、不格好だ」ということが定説になっている。それだけではない。フレームの外に逆鉤（シアバー）が露出し、ハンマー（撃鉄）がコックされている状態で触れると暴発する「スーサイド・ナンブ（自殺銃）」だというものまである。

このシアバーというのは、引鉄の動きを撃茎に伝えるものだが、引鉄を引かなくても撃発してしまうということだ。戦後の専門家の中にも、これに追随して、あれも悪い、これも悪いという人が多くいた。しかし、それほど私たちの先人は愚かだったのだろうか？

一九二四（大正一三）年一二月、南部麒次郎中将は予備役に編入された。士官候補生第二期生として一八八九（明治二二）年一一月に陸軍士官学校入校以来、三五年にわたる陸軍軍人の履歴を終えた。同期生には鈴木孝雄、菅野尚一《ひさいち》、森岡守成《もりしげ》の各大将がいる。この世代は、日清戦争に中尉、日露戦争には大隊長として出征するなど歴戦の者が多い。

退役から約二年後の一九二七（昭和二）年二月、南部は南部銃製造所を立ち上げる。大倉財閥の大倉喜七郎の経営する会社の中野工場に間借りしてのスタートだった。その後、東京府下国分寺に移転

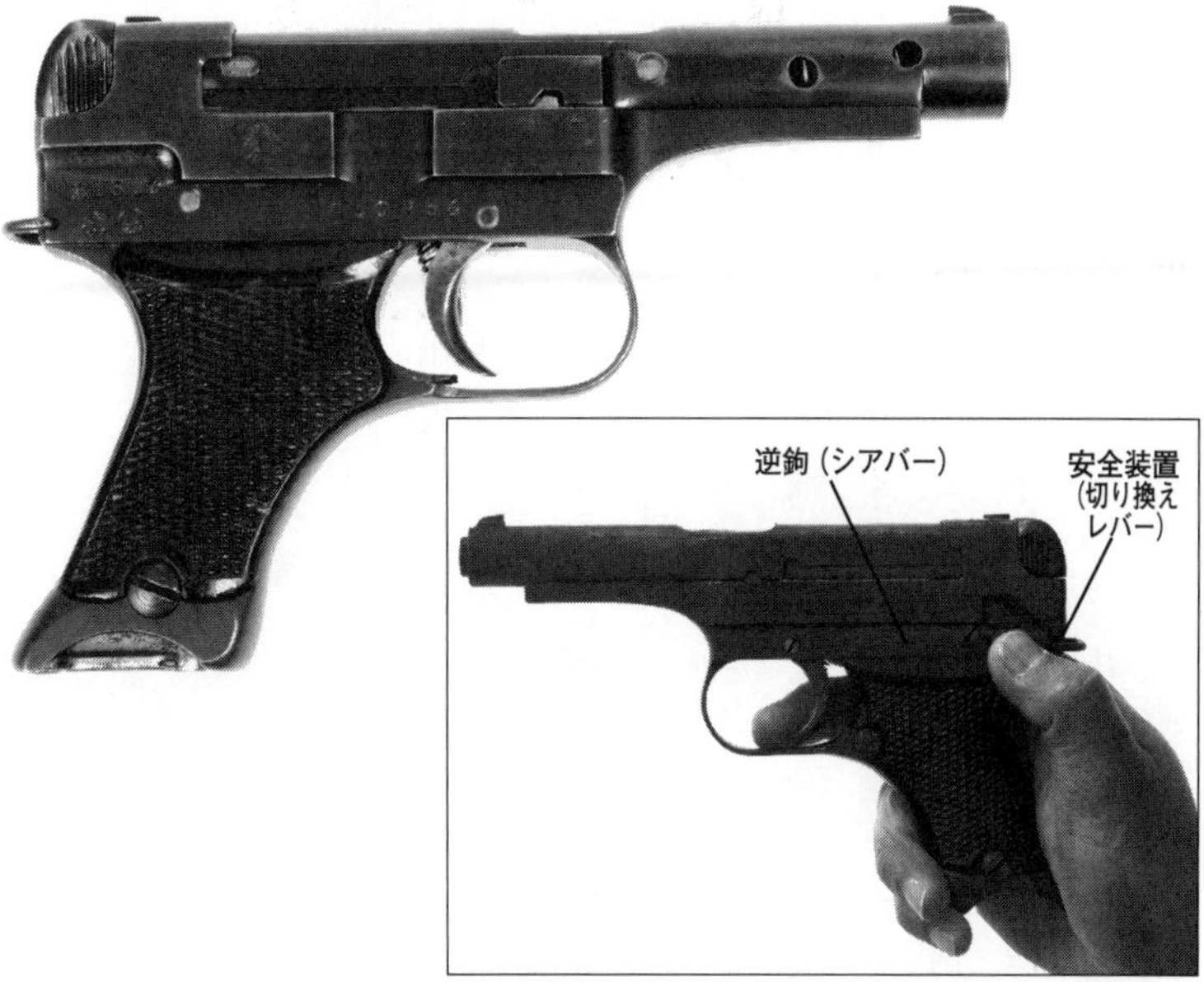

94式拳銃。妙に小さな銃把（グリップ）、大きなフレームなどから、戦後アメリカ人から「世界一醜い拳銃」と言われた。実際には軽量で握りやすく、近距離での狙ったところへの集弾もよかった。左側面の左手親指の位置にあるのが露出した「逆鉤（げきこう）」である。薬室に装弾後、ここに触れると撃鉄が落ちて暴発した。

して、年少者用教練小銃や訓練用軽機関銃などを製造した。

　一九二六（大正一五）年から、文部省管下の中等学校以上には、陸軍現役将校が配属され教育にあたる軍事教練が課せられることになったからである。年少者用小銃は、各地域の青年訓練所（夜学の実業補習学校に併設）の教練にも使われた。もちろん弾薬は空砲や狭搾弾《きょうさくだん》などを使用した。のちに同社は、昭和製作所、大成工業といっしょに中央工業となり、現在の陸自の機関拳銃を製造したミネベアにつながる。

　一九三三（昭和八）年、南部銃製造所は将校用拳銃の開発指示を受けて試作を始める。三五（昭和一〇）年に九四式拳銃として準制式制定を受け、敗戦までに七万挺以上を製造した。

廉価な国産拳銃開発の内幕

製造の背景には興味深い話がある。それは陸軍省からの要求事項に載っている。やはり杉浦氏の研究にあるが、「価格は昭和八年四月を基礎とし大量生産において、嚢（ホルスター）を含み五〇円を超過せざること」という要望がある。これは一九三一（昭和六）年に金本位制廃止のせいで円が大きく価値を下げてしまったことに関係がある。円とドルの交換レートが、一〇〇円＝四九・八ドル、つまり一ドル二円くらいの見当だったのが、一ドルが五円になってしまったのである。これによって、外国製中・小型拳銃の価格が暴騰して、将校たちが入手困難になり廉価な国産拳銃を開発せよという指示につながったと杉浦氏は鋭い指摘をしている。

一九三四（昭和九）年度の「動員計画令」によれば、常設師団による出征が一七個師団、つまり六八個歩兵聯隊である。これに特設乙師団が一三個、合計三〇個師団、一二〇個歩兵聯隊で、歩兵大隊数は三六〇個になる。小銃中隊だけで三六〇×四＝一四四〇個になり、中隊は三個小隊だから、小銃小隊長として四三二〇人の少・中尉がいる。これにフル編成なら一個大隊に一個の機関銃中隊があり、歩兵砲小隊もあった。

それらにも指揮官の下級将校がおり、准士官の数も増えてくる。歩兵だけでこれである。動員される人員は一四三万六一一六人。将校と准士官がおよそ六パーセントと見積もっても、約八万六〇〇〇人が拳銃武装して出征することになる。

予備役将校が動員、応召されると、武装部隊の指揮を執るには軍刀と拳銃は必須だった。あわてて買いに行ったり、知人から譲り受けたりという話が残っている。

優れた九四式拳銃のメカニズム

九四式拳銃の要目を出してみよう。（　）内は比較のために十四年式拳銃の要目を入れる。全長は一八七ミリ（二三〇）、銃身長九六ミリ（一二〇）、高さ一一九ミリ（一五〇）、厚さ二三ミリ（二七・五）、口径八ミリ（八）、重量七六五グラム（九二〇）、装弾数六＋一の計七発（八＋一の計九発）である。十四年式拳銃のおよそ八割の大きさになる。グリップは小さく、握りにくいように思えたが、実際に構えてみると手にしっくりする。ふつうの手の大きさの日本人には、ちょうどいい大きさだ。

機構は基本的には十四年式と変わらず、反動利用式である。復座バネは銃身の周囲にあり、その上は被筒（前部スライド）で覆われている。薬室への装塡は、円筒後部のコッキング・ノブを引くことで行なわれる。

十四年式との違いは、ストライカー式（撃針が直進する）からハンマー式（撃鉄式）に変わったことだ。これはストライカー式では国産バネの耐久力に問題があったからである。小型化には当然不利だったが、不発も少なく、耐久性にも優れたハンマー式を採用した。

安全装置はフレームの左側後部にあって、「安全栓及び安全子により逆鉤と引鉄の両方に作用す」と『保存取扱説明書』では説明されている。右手親指で操作ができ、手前が「安」で九〇度前下方に下げると「火」となる。安は「安全」、火は「発火」である。弾倉を抜くと引鉄は動かなくなるマガジンセーフティを備えている。これにより弾倉を抜いても薬室に弾が残っているのを忘れて、引鉄を引いてしまう事故を防いだ。

偏見に満ちた米軍の悪評価

フレームの外に逆鉤（シアバー）が外部に露出していて、その前端を押すと撃発する。確かにやってみると、その通りである。しかも軽く触れただけでガチャッと作動する。確かにこれは危険だが、安全装置をかけていれば防げる。どうしてシアバーを露出させたかというと、少しでも厚みを薄くして軽量化し、取り扱いも楽にするためだったと思われる。

あの小さなコッキング・ピースを親指と人差し指でつまんで、意外と強力な復座バネに逆らって薬室に弾薬を送り込む。その後に、安全装置もかけずに小さなシアバーにわざわざ触るだろうか？

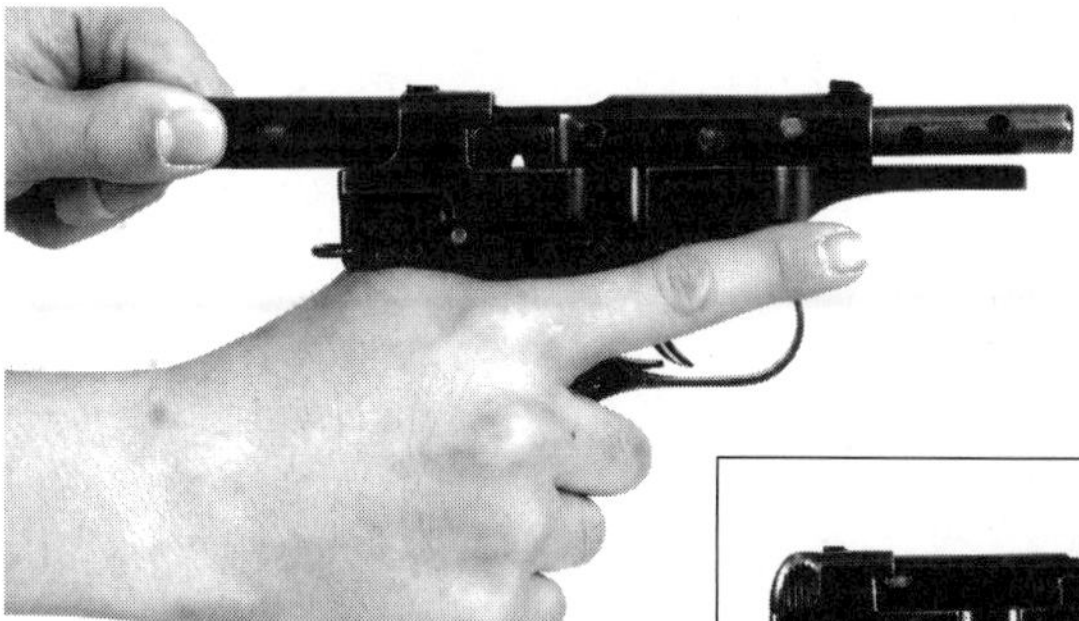

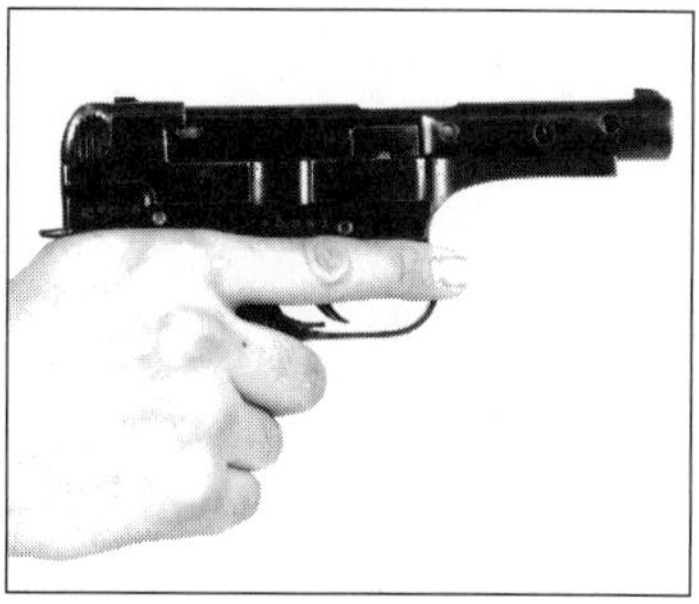

94式拳銃。生産は1935（昭和10）年から敗戦まで、約7万1200挺がつくられた。中央工業株式会社南部工場が製造し、名古屋造兵廠へ納入した。南部８ミリ弾を使う中型といっていい拳銃だが、その軽量（720グラム）、薄いデザイン（フレームで厚さ23ミリ、グリップで26.5ミリ）は航空機や車輌の搭乗員には最適だった。

須川氏も指摘するように「装塡したら、ここは触るな」と厳しく教育しておけば、日本人なら大丈夫と考えて割り切ったのではないだろうか。アメリカ人から批判されたのは日米双方の安全教育に対する考え方の違いからである。アメリカ人は多様で、能力もさまざまであり、兵器のマニュアルも漫画を使っていたりする。違いがあって当たり前の国民と、言って聞かせれば誰でもわかるという国民性の相違からきているに違いない。

米軍の評価によれば九四式拳銃は当たらないといわれた。少しでも高さを減らし、小型化、軽量化するために、照門は高さ一ミリ、照星は座が一ミリで高さが一・五ミリ、合計で二・五ミリという小さなものである。「狙いにくい」というのが正直な感想だが、おそらく実戦では五～一〇メートルの距離で命中すればいいという感覚なのだろう。そうであるなら、軽量のために発射反動が大きいが、十分役に立つだろう。戦場は競技射撃の場ではない。

米軍の「不格好」という指摘は好みの問題である。白兵戦用の兵器として、日本刀は決してよい武器ではなかった。中国軍が持っていた柄《つか》と刀身が一体化した青龍刀の方が強度も耐久性も優れている。青龍刀は美しさという点では日本刀に劣るが、実用の武器としてははるかに上である。日本刀は構造上、どうしても曲がりやすく、鐔元《つばもと》に無理な力がかかりやすい。柄も割れることが多い。それでも陸軍が日本刀を捨てられなかったのはなぜか？ 英軍将校が指揮杖《しきじょう》を離さなかったように、日本刀は自分の意思を部下に伝えるために必要だったのである。

同様に九四式拳銃も武器としての美醜を評価するのはいささか偏見だと思う。

足りない国産拳銃

日本軍将校たちの中には一般的な外国製拳銃ではなく、国産拳銃を購入した者もいただろう。国産拳銃は決して安くない。九四式拳銃は五〇円から六〇円、そして七〇円と値上がりした。それに対してスペイン製の拳銃は安かった。当時ベルギー製のＦＮブローニングＭ１９１０が四二円なのにスペイン製は二〇円前後で入手できた。多くの将校や同相当官や准士官が私物の外国製拳銃を持っていたことは武装解除の時の資料でも明らかである。

九四式拳銃は一般的に航空兵科部隊や機甲科に支給されたとされているが、杉浦氏の調査でそれが必ずしも事実ではないことがわかった。以下『日本軍の拳銃』の図表「第二十三軍敗戦時保有拳銃」による。第二十三軍は支那派遣軍に属し、敗戦を広東で迎えた。その主力は第一〇四、一二九、一三〇の三個師団と、独立混成第二三旅団、独立歩兵第八旅団、同一三旅団を基幹部隊としている。そのうちの独立混成第二三旅団、独立歩兵第八旅団、同一三旅団、それに軍直轄部隊、野戦兵器廠にあった拳銃を種類ごとにまとめたものだ。

これによると保有拳銃の合計は一九〇九挺である。その内訳は以下の通り、（ ）内は構成比率のパーセントである。十四年式拳銃は六七五挺（三五・四）、二六年式拳銃は二三七挺（一二・四）、九四式拳銃は一六六挺（八・七）、その他が八三一挺（四三・五）である。これによると、その他の外国製、あるいは制式外の国産拳銃が半分近くもあり、九四式拳銃はわずかに八・七パーセントでしかない。全体像を正確に判断するのは難しいが、およその姿は見えてくる。

一九三七（昭和一二）年からの大動員は、予備役幹部を大量に誕生させた。敗戦時には、現役兵科将校と各部将校だけでも約四万七〇〇〇人にのぼる。これに約三倍の同二〇万三〇〇〇人の予備役からの召集将校がいた。合計で同二五万人にもなった。拳銃の生産数がとても追いつかなかったのは当然だろう。

第5章　手榴弾・擲弾筒

手榴弾《しゅりゅうだん》と十年式擲弾筒《てきだんとう》

ドイツに宣戦布告

四年間にわたる第一次世界大戦の間、日本陸軍はただ横から眺めていただけかというとそうではなかった。日露戦争が終わって一〇年、中国のチンタオ（青島）で三八式歩兵銃は初陣をかざった。三八式が全軍に配布されたのは一九一四（大正三）年以後のことになる。この年の三月になって「小銃交換要領」が示された。一二月には一一個師団分の三〇年式を三八式歩兵銃に交換する。ほかの部隊は翌年一二月に交換するというのである。理由は、三〇年式実包の残存数の問題があったからだ。歩兵聯隊、工兵大隊、輜重兵大隊から交換を始めるというものだった。

ところが第一次世界大戦が勃発する。一九一四（大正三）年八月二日、ロシアはドイツに宣戦を布告し、ドイツとフランスは国交断絶となる。五日にはイギリスがドイツに宣戦を布告する。

日本政府は、日英同盟の存在を理由に一五日にはドイツに最後通牒を突きつけた。「日本及び支那海からドイツ海軍艦艇の退去、膠州湾《こうしゅうわん》は無償、無条件で日本に渡す」などというものである。ドイツが受け入れるわけもない。二三日に日独は国交断絶、ドイツに宣戦を布告することになった。

膠州湾にあった青島要塞攻略のために第一八師団（久留米を司令部）が出征することになり、三八式歩兵銃への交換は全軍一斉に一〇月に行なわれることになった。新型兵器が制定されても、全軍が手にするには一〇年近い歳月が必要なのだ。

要塞攻略には独立第一八師団の歩兵四個聯隊、歩兵第二九旅団の二個聯隊、野砲兵第二四聯隊（三八式野砲三六門）他の各科部隊、独立山砲兵中隊（四一式山砲六門）、野戦重砲兵第二聯隊（三八式一二糎榴弾砲二四門）、同三聯隊（三八式一五糎榴弾砲二四門）、独立攻城重砲兵第一大隊（同前一二門）、同二大隊（四五式二〇糎榴弾砲、四五式二四糎榴弾砲各四門）同三大隊（三八式一〇糎加農一二門）、同四大隊（二八糎榴弾砲六門）、同中隊（四五式一五糎加農二門）が参加した。

「独立」が師団の前についたのは、「軍」の戦闘序列に入らずに師団が単独で派遣されたから独立がついた。また山砲兵、攻城重砲兵の大・中隊も師団・旅団・聯隊といった上級部隊に編合《へんごう》されていないので、独立がついている。「加農」というのは、明治初めからの「カノン」の当て字である。榴弾砲と違って、直射弾道に近く、射程が長い。

日露戦争の旅順要塞攻略戦の苦い経験を活かして、砲兵火力がたいへん大きいことがわかる。このほか航空機が初めて使われ、偵察や爆撃などの貴重な経験をした。

大戦が終わった翌一九一九（大正八）年は、日本陸軍が本格的に軍の体質を改めようと再発足した年である。

陸軍技術本部と陸軍科学研究所の発足

一九一九（大正八）年、陸軍は平時編制を改正した。

日露戦争直前の一九〇三（明治三六）年、それまでの砲兵会議、工兵会議が陸軍技術審査部に統合された。それから一六年もの間、技術行政システムに変化はなかった。それがこの年、陸軍技術本部が発足して、その下部に科学研究所が設けられる。一般の兵器技術ばかりではなく、世界大戦で出現した毒ガスなどの新兵器が登場したので、陸軍火薬研究所を改組して陸軍科学研究所も設立されたのだ。ちなみに初代科学研究所長は南部麒次郎である。

軍隊には、兵器、機・器材の研究、審査などの機関が必要になる。陸軍は明治九年に砲兵会議、同一六年に工兵会議を設けた。会議といっている間は事務局があるばかりである。常設の役所はなかった。両会議が統合されて、技術審査部という常設の官衙《かんが》（役所）ができた。同時に火薬研究所もできる。東京砲兵工廠の板橋火薬製造所（現・自衛隊十条駐屯地）の中に設けられて、所長は工廠提理《ていり》（工廠長）の指揮下に入った。

世界大戦が起こり、研究すべき兵器、器材の数は膨大なものになった。技術本部は総務部、第一部（火砲、銃器、弾薬、車輛、観測器材）、第二部（無線関係を除く工兵器材）、第三部（兵器図ほか図書作成）という大きな組織になった。

のちには満洲事変（一九三一年＝昭和六）年の末期から、戦車や自動車の発達にともなって、それらの担当を第三部にして、通信関係は第四部が担当するようになった。

陸軍技術本部の兵器研究方針

一九一九（大正八）年六月には研究方針の申請が陸軍大臣に提出された。大臣は審議機関である技術会議に審査することを命じた。技術会議は、陸軍次官を議長に、参謀本部、陸軍省、教育総監部の関係課長、技術本部の関係部長、造兵廠や兵器本廠などの関係する官衙の職員などを委員とした。このときの議長は、山梨半造《やまなしはんぞう》陸軍次官だった。山梨はこの後、陸相になって有名な軍縮を断行した将軍である。

陸軍技術本部が出した申請は約一年にわたって審議され、翌年五月に大臣に報告された。こういう制度を紹介するのも、陸軍という大組織の動きを理解してもらうためである。この報告を参謀本部、教育総監部に、さらなる意見はないかと問い合わせる。そうして何も意見、要望がなかった時に、正式に命令として技術本部長に戻されることになる。

一九二〇（大正九）年七月二〇日付の文書がある。それが、この後の日本陸軍兵器開発の基本方針となるものだった。全文の中で小火器に関するものを抜き出して紹介しよう。以下、漢字・仮名遣いなどは現代語にする。

まず、「綱領」である。綱領は根本方針のことをいう。

（1）兵器の選択には運動戦・陣地戦に必要なすべてを含むが、運動戦用兵器に重点をおく。また、努めて「東洋の地形」に適合するように着意する。

欧州戦場のような大規模な塹壕戦は起きないということである。陣地戦は想定しないから世界大戦からの教訓も取捨選択しようということになる。予想戦場も道路や鉄道が発達しているヨーロッパと違う。アジア独特の地形、状況に合う兵器をつくれということだ。

（2）戦略・戦術上の要求を基礎として、これに応じられるよう技術の最善をつくすことを根本義とする。かつ、兵器製造の原料、国内工業の現状にかんがみて戦時の補給を容易にすること及び使用に便であり、戦時短期教育を容易にできるよう顧慮する。

戦時補給の大変さをいう。資源のない国の悲しさである。動員される多くの予備・後備・補充兵にも教育しやすいように構造も考えろということである。

（３）兵器の操縦運搬の原動力は人力及び獣力に依る他に器械的原動力を採用することに着手する。日露戦争は、人と馬で砲も弾薬も、衛生材料、糧秣《りょうまつ》などのさまざまな資材を運んだ。おそまきながらの機械化宣言だった。

（４）新たに着手するものや大きな修正を加えるべき重要な兵器の研究方針を示すもので、重要ではない新研究や現制兵器の小さな修正は別に検討する。新兵器研究の結果、旧式となる兵器があっても部分的修正を加えてこれを利用する。

いわゆる新装備も使いつつ、適所に古い装備も使えという「ハイ・ロー・ミックス」である。小国の陸軍と異なり、装備一つ変更しても担当者には大変な負担がかかる。取扱法、教育法、戦術などの変更が必要になる。

（５）敵の意表に出るような兵器の創製はわが国軍にもっとも緊要である。しかし、この創製は発明、あるいは案出に属するから、秩序的業務としては規定しにくい。そこで本方針には記載しない。

強く奨励されなければ、意表をつく発想の兵器は生まれないだろうに、そういうことは苦手だったとしか思えない。これが大東亜戦争の末期になると、風船爆弾などの新兵器の出現があった。

備考一、航空機に装備すべき機関銃、小口径火砲及びこれらの弾丸や投下爆弾などの研究は、陸軍航空部の要求に応じて陸軍技術本部が担任する。

備考二、自動車、無線電信及び毒ガス等に関しては、他の兵器と関連して研究すべきものである場合は、それぞれ当該調査委員と協定して研究するものとする。

この後は、兵器、器材に関する方針が詳しく書かれている。

歩兵兵器は甲、乙二つに分けられている。甲は速やかに研究、整備すべき兵器とされている。以下は甲である。

（歩兵銃）口径七・七ミリのもの、（機関銃）三年式機関銃につき、口径変更、三脚架改正など、（軽機関銃）既成の二種の軽機関銃の実用試験ほか、口径は歩兵銃改正に伴い七・七ミリ、（歩兵砲）三七ミリ砲は既成品の二種について、左の要件の曲射《きょくしゃ》歩兵砲を研究、（手榴弾）曳火《えいか》手榴弾を研究、（銃榴弾）歩兵銃で発射し得るもの、（特種弾）防楯《ぼうじゅん》、装甲鈑を射貫《しゃかん》（撃ち抜くこと）し得るもの。

備考、歩兵兵器とみなされている軽迫撃砲は本来の迫撃砲兵器の部で研究する。歩兵に配属することは戦術上の使用区分に任せる。

「乙」は余力をもって研究しようとする兵器（自動小銃）、新たに一・二の様式を研究する、（塹壕兵器）擲弾筒のほか、世界大戦で用いられたあらゆる兵器。

このように、小銃弾薬の増口径の要望が大きくなっている。六・五ミリ弾の開発、制定された時には「不殺銃」であるとか、「与えた傷がすぐに治癒してしまう」などの批判があった。それを「徒に《いたずら》敵を殺害するのが軍用銃の主目的ではない」「敵の戦闘力を一時的でも奪えば良い」といった主張で開発者はかわしたのだが、やはり増口径への希望は大きかった。

日露戦争型手榴弾

旅順要塞戦で日本軍が手榴弾を発明したという話がある。佐山二郎氏の『日露戦争の兵器』には、旅順要塞盤龍山《ばんりゅうさん》堡塁攻撃に「手投爆弾」が使われたと書かれている。一九〇四（明治三七）年八月二二日のことだ。開発者は姫野工兵軍曹である。堡塁の攻撃に、手榴弾は大きな効果があり、その後改良されて旅順攻囲戦だけで消費数が四万五〇〇〇発にもなったという。

対してロシア軍もさまざまな投擲用の、爆薬を詰めた「手投げ弾」を投げ返してきたらしい。戦死傷者の原因別統計では、銃創、砲創、白兵創などといっしょに「爆創」という分類があるが、爆弾や地雷、手投げ弾などの爆発で死傷すれば、これが爆創とされた。『戦役統計第三巻』から算出すると、要塞戦と野外戦では大きな違いが見える。（数字は概数）

遼陽会戦（一九〇四年九月）では銃創が八五パーセント、砲創が一二パーセント、その他が三パーセントである。沙河会戦（同年一〇月）では銃創八一パーセント、砲創一二パーセント、その他七パーセント。奉天会戦（一九〇五年三月）では銃創七七パーセント、砲創一三パーセント、その他一〇パーセントだった。それが旅順要塞第三回総攻撃（一九〇四年一一月）では銃創五六パーセント、砲創一六パーセント、その他二八パーセントとなっている。

この「その他」の中にはごく少数の白兵創があるが（白兵創は一パーセント前後）、多くは爆創であることは明らかである。投石による死傷もあり、格闘戦での銃剣による刺突《しとつ》、あるいはスコップで殴打されるといった死傷原因を含んでいるとはいえ、堡塁で互いに手投げの爆弾を投げ合ったことは確かである。

陸軍が手榴弾を制式化したのは一九〇七（明治四〇）年三月だが、すでに戦時中の明治三八年三月、東京砲兵工廠に八五〇〇個を生産するように指示が出ている。

防衛研究所に残る陸軍省軍務局砲兵課の書類に『壺型《つぼがた》手榴弾外四点製作ノ件』とあるように、当初は「壺型」と表記されていた。それが制式化された時は年式もつかず「手榴弾」とだけされた。

形は筒型で全長は一三一ミリ。弾体は鋳鉄《ちゅうてつ》製である。頭部には着発信管が仕込まれた円盤形の部品が付いている。弾の内部には三〇グラムの黄色火薬が詰められ、下部には木製の蓋があり、そこから麻ひもが伸びている。その先端には手ぬぐいのような綿布が付けられていた。大正中期の後期型では棕櫚《しゅろ》または藁《わら》が結び付けられ、改良された。これらはエア・ブレーキの役を果たした。これを持って投げてもよく、空中では弾のトップヘビーを保ち、先端の信管装置から落ちるようになっていた。

信管は着発式である。投げられて先端が地面や堅いものにぶつかると、ゴムリングで保持された黄銅製の撃針が内部の雷汞を突いて発火させた。雷汞は小銃薬莢の雷汞一グラムだった。撃針と弾体の間には安全子《あんぜんし》が組み込まれ、抜かないと撃針は雷汞を叩くことができなかった。ただ、軟らかい地面や、斜めに着地すると不発になることがしばしばだった。そうかといって、あまりに信管を敏感にしても実用に適さない。起爆の確実性と安全性を両立させることはなかなか難しい。

手榴弾の使い方と教育法

手榴弾の使い方は一九一四（大正三）年一〇月の『偕行社記事』（四八三号）に「手榴弾使用法教育に就《つい》ての意見」という和歌山県の歩兵将校による提言がある。日露戦争の体験者であるK少佐は手榴弾の使い方について次のように書いている。

「攻撃時には三〇〜四〇メートルの距離から投擲《とうてき》し、敵が頭を下げている間に敵堡塁下に肉薄するようにする。防禦の場合は、わが堡塁の外壕内に侵入した敵にやはり三〇〜四〇メートルで投げる。その劇烈《げきれつ》なる爆音で、敵を震駭《しんがい》（驚かせること）せしめ、その心胆《しんたん》を寒からしめ、逆襲の時機を得ようとする時に投げる。または、自らの退却の自由を得ようとする時には有効である」

人は身近で大きな爆発音に遭遇するとパニックを起こしてしまう。いまも警察がバスジャックや、室内などへの立てこもり犯人には「閃光弾《せんこうだん》」を使用している。これは大きな音と光を発生する手投げ弾である。犯人がうろたえて、判断停止のところを制圧するためのものだ。さらに提言は続く。

「警戒部隊（小哨、下士哨）、停止斥候《せっこう》が突然敵襲を受けた時、血路を開き、あるいは爆音によって危急を後方部隊、隣接部隊に報告・通報するために投げる。また、敵の前哨線、線内に潜入した時に敵を攪乱《かくらん》させるために使う」

さらに入営兵への教育方法が書いてある。教育開始の一期目（三～四か月）では徒手で三〇メートルを投げさせる。続いて二期目では三〇メートル以上に伸ばし、突撃の前進中には二〇メートルを投げさせる。最後には武装して四〇メートル内外を投擲距離とさせる。

納得したのは、次の記述である。

「およそ入営する若者は、どこの地方の出身だろうと、幼い頃からゴムまりで遊んだり、ボール投げをしたりといった徒ラ事《いたずらごと》（役に立たないこと）などはしたことがない。ある物体を上方に、前方に抛《なげう》つような経験をしたことがない者がほとんどであろう」

野球などというスポーツはごくごく一部の者の娯楽でしかなかった。入営する新兵は物を投げるなどということはしたことがなかったのである。彼らが育ってきた農山漁村では、生産に関わらないことはイタズラごとであり、ゴムまりなども見たことがなかったのだ。

でも、とK少佐は言う。「射撃だって、銃剣術だって、すべて初めてすることばかりだ。それに加えて戦場ではひどく有効な手榴弾の投擲は必須の訓練である。また、実戦から一〇年余りが経って、下級幹部の中には砲弾や手榴弾が身近に落ちた経験もない者が増えてきた。演習では彼我の手榴弾の爆発がどのようなものか実見しなくてはならない」

擲弾銃の挫折

一九一四（大正三）年九月、技術審査部は「手榴弾、照明弾を小銃をもって発射する」近接戦闘用兵器を開発した。第一次世界大戦の影響というより、日露戦争の戦訓からであろう。説明書によると十八年式村田銃を改造して、手榴弾よりやや大きい榴弾を約三〇〇メートル飛ばすようにする。山なりに（これを落角《らっかく》が大きいという）投射して、掩護物の背後にある敵を殺傷するものだという。つまり、小型迫撃砲の代わりにしようということだ。小銃に弾頭を付けない空包を込めて、そのガスで撃ち出そうというわけである。この思想は現在も続き、陸上自衛隊でも小銃擲弾を装備している。ただ、専用の擲弾銃というようなものはない。通常の歩兵が使う小銃から発射できる。

迫撃砲の有効性はすでに要塞戦で十分知られていた。野砲などの直射では堡塁の後ろや、地物に隠れた敵を撃てない。榴弾砲では射程が長すぎる。そこで、近距離の敵には手榴弾を投射したらどうかということになった。

口径は一二ミリで村田銃を改造し、四五〇ミリの滑腔銃身を取り付けて銃把をなくした。肩当てではなく、地面で反動を受けるようにした。専用の榴弾は重量が約一キログラム、鋳鉄製で上部に雷管が付く。弾薬ベルトに五発入れて、銃手が運んだ。射程は八〇から三〇〇メートルというが、詳しいことは不明である。だが、この改造銃は採用されなかった。システム全体が大きく、重く、分隊（一〇人ほど）ごとに配備するには無理があったのだろう。銃手に副銃手、それに弾薬手はそれぞれ三八式歩兵銃を背負うからである。

十年式擲弾筒と十年式手榴弾

第一次世界大戦では多くの国が小銃の銃口にカップ型アタッチメントを付けて、そこに手榴弾を入れて空包のガス圧で飛ばした（ライフル・グレネードという）。わが国の六・五ミリの歩兵銃では、それはかなわないことだった。口径が小さいためにガス圧が弱く、銃口エネルギーが不足していたのだ。

そこで開発されたのが手榴弾を発射できる擲弾筒だった。一九二〇（大正九）年の陸軍技術本部研究方針の塹壕兵器の項にある。開発されたのが十年式擲弾筒である。全長は五二五ミリと短く、重量も二・六キログラムしかない。口径は五〇ミリで、内部に腔綫はなく、つるつるの滑腔である。手榴弾をただ飛ばせばいいと考えられていたからだ。

十年式手榴弾は曳火式《えいかしき》である。火を曳《ひ》くという言葉通り、着火すると延時薬《えんじやく》が燃え始めて、数秒後に爆発する方式をいう。これに対して、旧タイプは固い物にあたってすぐに起爆する。それを着発式といった。日露戦争型の手榴弾である。

十年式手榴弾は鋳鉄製で上部はねじ込み式の蓋になっている。重さは五三〇グラム、TNT炸薬六五グラムが入っていた。このTNTは一八六三年、ドイツで発明された。摂氏八〇度で融解して結晶化され、叩こうが切りつけようが発火しない安全性が特徴だった。しかも爆発すると、周囲の空気を酸欠状態にした。爆速はピクリン酸（下瀬火薬）に劣ったが、加工性のよさと貯蔵時の安全性が高く評価された。

10年式擲弾筒。1921（大正10）年に制式化され、２年後から生産が始まった。総生産数は7000箇あまりだった。10年式手榴弾や91式手榴弾、各種信号弾なども発射できた。重さは2.6キロ、全長も525ミリしかなく、革の負革付き収納袋に入れて運んだ。

十年式手榴弾の加害半径は五メートルである。頭部から円筒形に飛び出した真鍮製の信管部にはピン（U字型の安全栓）が刺さっている。投げる時は、このピンを抜いて、信管部を固い物に思い切り叩きつけた。そうすると、コイル・スプリングで浮いていた撃針が雷管を叩き、延時薬（ヒューズ）が燃え始め、七〜八秒後に炸薬が破裂する。だから、早く投げると炸裂前に敵に拾われ投げ返される。そこで、兵は固い物に叩きつけ、延時薬に点火して炎が横から出ることを確認してから四つ数えて投げるように教育された。

擲弾筒で発射する時には、この信管部を叩きつける必要がない。発射される時の加速度で撃針が沈み込んで延時薬が発火する。七〜八秒という長い時間は擲弾筒から発射する都合からである。

十年式手榴弾の底部には装薬筒（直径二六ミリ、高さ二四ミリ）がねじ込まれていた。このネジの最も奥の部分が厚紙一枚で本体の炸薬と接していた。製造公差が甘いものは、その隙間から装薬の炎が炸薬に伝わり、腔内爆発することがあった。

十年式擲弾筒の発射の手順と運搬

擲弾筒で手榴弾を発射するには、まず距離を合わせる。遠くなら発射ガスをすべて使う。つまり最大射程なら筒身横に空いた穴をすべてふさぐ。近くなら穴からガスを逃がして調節する。回転筒というリングには目盛りが刻まれ、表示は二二〇メートルから、近距離はなんと五メートルと表示されている。実用できたかどうかは疑問が残る。

次に左手で筒身を四五度の角度にセットし、赤い筋が筒身にあるので方向を合わせる。安全栓（ピン）を抜いた手榴弾を筒口から落とし込む。右手で柄桿《へいかん》に付いている革ひもでこれを引く。引鉄はダブル・アクションになっていて、筒身の底から撃針が飛び出して装薬筒の真ん中にある雷管を打った。またこの装薬筒には六個の穴が空いていて、手榴弾は回転しながら飛ぶ。

擲弾筒の本体は、筒身、駐板《ちゅうはん》、柄桿、基部の四つに分割でき、これに蓋が付く。これらは筒身にすべて収まる。これを革製のケースに入れて肩かけした。全生産数は七〇〇〇箇あまりという。

小さな迫撃砲「八九式重擲弾筒」

曲射歩兵砲を小型化せよ

十年式擲弾筒が開発された頃、歩兵には十一年式曲射歩兵砲という口径七〇ミリの軽迫撃砲があった。第一次世界大戦の教訓から生まれた塹壕戦用の、放物線の弾道を飛ぶ砲弾を撃ち出す火砲である。この砲弾は英語ではボム（ＢＯＭＢ）と表記された。ほぼ垂直に落下する迫撃砲弾は着発信管の場合、水平方向に破片を飛ばした。

曲射歩兵砲の重量は六三キログラムで、施条された砲身をもっていた。迫撃砲のように砲口から砲弾を落下させると砲弾底の装薬に点火するといった方式（墜発式《ついはつしき》という）ではなかった。装填して、拉縄《りゅうじょう》を引いて撃針で叩く。装薬を収めた弾底部分がガスで膨張する。それがライフルに食い込むといった、昔のミニエー銃弾のようなものである。

しっかりした木と鉄でできた駐板があり、高低、左右も照準を精密にできるものだった。ちなみに火砲の引鉄を引く縄のことを陸軍では「りゅうじょう（拉縄）」といった。しかし、元々「拉」には「ラツ」「ラフ」という読み方しかない。「りゅう」とは陸軍だけで使われた読み方だろう。

なお、迫撃砲は砲兵があつかうものである。曲射歩兵砲は名称通り歩兵の重火器だった。砲身を傾けて遠近の照準をつけるほかに、撃針覆《げきしんおおい》という部分を上下させることで、薬室の容積を変えて射撃距離を調整できた。最大射程は一五五〇メートルである。運搬は長方形の駐板の長辺に提棍《ていこん》という棒を付けて二人で持ち上げた。この機能をなるべく変えずに、一人で運搬できないかと考えたのが八九式重擲弾筒だったのだ。

八八式榴弾を撃つ八九式重擲弾筒

八九式重擲弾筒の制式化は皇紀二五八九（一九二九）年だが、生産は一九三二（昭和七）年からである。この制式化から「重擲弾筒《ジュウテキ》」といわれ、これまでの十年式擲弾筒は「軽擲《ケイテキ》」と呼ばれるようになった。どちらも手榴弾を発射することができるが、重擲は専用の八八式榴弾を撃つこともできた（弾薬箱には八九式という表記もある。八九式重擲で撃つから誤認しないようにという配慮だろう）。

この榴弾は全長一四八ミリ、直径は四九・五ミリで黒く塗られている。真鍮製の瞬発信管、弾体、銅でできた装薬部と三つに分けられる。信管は高さが三四ミリ、底部の直径が二五・五ミリで三段構造になっていた。先端は鉄製の衝撃用信管で固いものに当たると内部の炸薬を起爆する。二段目は発射時に、その加速度が与える衝撃で外れる安全装置、三段目が針金の安全栓になり、長めの水色のひもが付いている。

三グラムの装薬（発射薬）が充填された部分は幅が二〇ミリだが、胴の部分は一六ミリ、底部の中心には雷管が付き、その周りには直径四・五ミリの穴が八つ空いている。ここからガスが噴射され飛ばすようになっていた。

89式重擲弾筒。日本陸軍の傑作兵器の1つに数えられる。大正時代に11年式曲射歩兵砲という口径70ミリの迫撃砲があった。前装式なのにライフリング（施条）があって命中精度もよかった。これを軽くできないかと考えたのが、優れたアイデアだった。3グラムの発射装薬が弾底についていた88式榴弾を最大で670メートルも飛ばした。

八八式榴弾の全重量は八八〇グラム、炸薬（爆薬）はＴＮＴ火薬一五〇グラムが充填されている。この威力は大きく、半径一〇メートルに被害が及んだ。炸薬量はふつうの手榴弾のおよそ三倍である。

距離の指定は指揮官が行なった。射手は命令に従い、筒身（長さ二四八ミリ）の下にある「整度器」を回す。方向を示すのは筒身の上に引かれた赤い直線である。狙いをつけたら、筒を正確に四五度に傾ける。筒の傾きが一定であれば、あとは装薬の量を変えること、あるいは薬室の容積を変えることで射程を調整することができる。八九式重擲弾筒は後者の方法で射距離の大小を変えた。

整度器は回すことで内部の「撃針覆」を上下した。筒内の容積を変えることで射出力を変えて飛距離を調整するためだ。筒身を四五度に左手で支えて、右手で引鉄を引く。発射速度は一分間で一〇発、右手に持った榴弾の安全栓を口でくわえて引き抜き、右手で装塡、続いて引鉄を引くことになる。これに専用の弾手がいた場合、一分間に二〇発撃てたという。

八九式重擲弾筒の要目

八九式重擲弾筒は一九三二（昭和七）年に四五〇箇つくられた。三八（昭和一三）年までには年平均二七〇〇箇くらいのペースで生産されたが、三九年には一万三七三八箇、四〇年が二万一八二七箇、四一年は一万九四一二箇と動員部隊が増えるにつれて生産数も増えた。須川氏の推計によると、四三年に二万箇近くがつくられ、総合計で一二万箇くらいが生産された。

全長は六〇八ミリで、十年式擲弾筒（軽擲）の五二五ミリより長い。筒身長は二四八ミリで軽擲よ

中国戦線で即製の架台に立てかけて角度を45度に固定させて撃つ89式重擲弾筒。射手が背中に負っているのが、帆布製の収納袋である。右端の兵士の腰の後ろの収納袋には４発の榴弾が入っている（重量2.5キロ）。

り八ミリ長いだけだが、筒内にはライフルが切ってある。筒の下の柄に取り付ける駐板は幅九〇ミリ（軽擲は五〇ミリ）、長さ二〇〇ミリ（同一六五ミリ）だから軽擲と比べるとその大型化と見た目の頑丈さもすぐにわかる。重量は小銃よりはるかに重い四七〇〇グラムもあったから、擲弾筒手はたいへんだった。

太平洋戦線では、米軍はこれを「ニー・モーター（膝射ち迫撃砲）」と呼んだという。駐板が湾曲しているので、そこを腿にあてて米兵が発射して怪我をしたという伝説がある。駐板が湾曲しているのは、反動を吸収すべき地面が軟弱だった場合、木などを挟むための工夫だった。反動は決して人体で受け止められるようなものではなかった。

八九式重擲弾筒のつるべ撃ち

「支那事変でのわが死傷の八割は手榴弾によるものだ」と陸軍歩兵学校では指摘している。中国兵の突撃はわが軍の陣地前方三〇メートルあまりに近づいて一斉に手榴弾を投げ、引き揚げていくというものである。あるいは市街戦では、建物の屋上から手榴弾を投げ落とすという戦いをした。中国兵の多くはドイツ製の柄付き手榴弾を投げてきた。

手榴弾と擲弾の違いは何か？　英語ではハンド・グレネードとグレネードである。榴弾とは、破片と衝撃で目標物を破壊するものをいう。手榴弾は手で投げるグレネードという意味の命名だった。擲弾の「擲」は「ほおる」という読み方があるように「投げる・発射する」という意味に重点がある。

どちらも投げるのは同じだが、手榴弾は投げずにその場で爆発させることもできる。仕掛け爆弾の代わりにも使えるのだ。これに対して、擲弾は必ず投射することが前提になっている。ほかにも小銃で撃つものをライフル・グレネードといい、擲弾専用発射銃をグレネード・ランチャー、日本の擲弾筒はグレネード・ディスチャージャーと英訳されている。

歩兵学校の要望が興味深い。「優良な手榴弾を開発してくれ。擲弾筒でも撃てるというような配慮は要らない」。現場は投擲専門の手榴弾を待っていたのだ。それなのに、中央はまだ擲弾筒でも撃てる手榴弾を開発していた。それが九一式手榴弾である。

現場の部隊からは重擲弾筒から撃つ八八式榴弾には大きな効果があると好評だった。しかし、同時に使いやすく、不発がない、威力のある手投げ専用の手榴弾を求めていた。敵が投げ返すこともできないような、四～五秒の延時秒数をもつ手榴弾の開発を要求した。

それに応えたのが、昭和一二年に急いでつくった「九七式手投曳火榴弾」である。擲弾筒で発射するための装薬筒は嵌め込めないが、外見は九一式手榴弾とよく似ていた。識別のために頭頂部を紫色に塗り、底部には注意書きのシールを貼った。炸薬は九一式と同じくTNT六五グラムで、全重は四四五グラムである。この後、対中国軍との戦訓を活かした九八式柄付手榴弾、九九式小銃から擲弾発射器を使って撃てる九九式手榴弾も開発された。

八九式重擲弾筒はつるべ撃ちで大きな効果を上げた。二箇、もしくは三箇を並べて、次々と射撃した。この事実は米軍の記録にも残る。たとえば米軍情報部による部隊への通報である。

「日本軍砲兵はジャングルでも正面の歩兵線を支援するため、後方に位置する。そのほうが側面も撃てるし、歩兵の攻撃の二次支援もできるからだ。それがジャングル戦ではできない。高く伸びた樹木の上をかわしながら撃たねばならないし、歩兵の進出時間がジャングルのために予測できないからだ。ところが、日本軍は進撃する歩兵の近接支援火力を発揮するために、側面に砲兵を配置するようになった。味方歩兵のわずか五〇ヤード（四七・五メートル）前方に火力を投じることができるようになっている」（『日本軍と日本兵』）

これは正確にいえば砲兵ではない。小型迫撃砲である重擲弾筒のことだろう。歩兵といっしょにジャングルを進む砲兵、それは買いかぶりというものだ。

前述したように、迫撃砲は曲射歩兵砲と構造や機能は同じだが、砲兵の装備として開発された。一九三一（昭和六）年にフランスからストークブラン迫撃砲が売り込まれ、その後、ガス弾の発射兵器として九四式軽迫撃砲、九六式中迫撃砲が生まれた。

94式軽迫撃砲。制式化は皇紀2594（昭和9）年で94式という。列国はガス弾投射の目的で76ミリ口径の迫撃砲を採用していたが、わが化学兵は90.5ミリという大口径を要求した。ついで榴弾も精密な射撃ができるよう重厚な床板と野砲のような駐退復座器も付いた。おかげで「軽」どころか「中」といっていいほどの重量級の砲になった。砲身は滑腔で有翼弾を最大で3800メートルも撃てた。

戦場の八九式重擲弾筒

米軍の南方戦線の記録によると、「日本軍は防御陣地を追われた場合、即座に逆襲に出ることになっている。五〇ミリ擲弾筒（グレネード・ディスチャージャー）の弾雨とともに行なわれるが、高度に組織化されることも、大兵力で行なわれることもない」という。

八九式重擲弾筒による弾雨、連続射撃のつるべ撃ちである。その飛翔と着弾、爆発の間、アメリカ兵は頭を上げることができなかった。

さらに携帯式の軽機関銃、生き残った重機関銃の射撃が加わる。この間隙をぬっての突撃が日本軍の採れた唯一の行動だった。三〇メートルあまり手前で手榴弾を投げ、その爆発と同時に突っ込むしかない。当然、米軍の軽機関銃も黙っているわけがなかった。勇敢な機関銃手はどちらにもいたのだ。

八九式重擲弾筒は三人で運用した。それぞれが榴弾を一八発運んだ。その重量は一四・四キログラムにもなった。歩兵小隊には軽機関銃と同数が装備された。一個聯隊の定数は六三箇になるが、硫黄島などでは増加装備として二倍近い配当を受けたともいう。

もともと八九式重擲弾筒は対ソ連戦用に大陸での使用が意図されていた。日本軍の教範でも、それは明らかで突撃前に射撃し、着弾と同時に敵陣に突入するための攻撃用兵器だった。それが南方戦線で意外な効力を発揮した。見通しのきかないジャングルで、高く撃ち上げて近距離の敵を撃つ。大型砲を持ち込めない地形で、人力で持ち運べる八九式重擲弾筒の集中運用はまさに日本軍だけが行なったことだった。

おわりに

西欧ではマッチロック（火縄式）、ホイールロック（歯輪式）、フリントロック（燧石《すいせき》式）から最後のパーカッション（打撃式）ロックという進化に三〇〇年あまりを要した。

わが国では火縄式の時代が長く、およそ二〇〇年続いた。フリントロックは、鶏頭（コック）に燧石をくわえさせて、当たり金（フリズン）に勢いよくぶつけて火花を飛ばす。その荒っぽい仕組みが嫌われたのだろう。点火の瞬間にぶれることが何より難点とされた。狙撃が好きだった日本人には受け入れられなかった。

一九世紀初めに雷汞《らいこう》がつくられ、雷管《らいかん》（プライマー）が実用化された。銃尾の右側面に付けられた凸部（ニップル）にかぶせて撃鉄（ハンマー）で打つ。湿気や風に強く、発火は確実性を増し、すぐに薬莢が発明された。その素材も紙から金属へ、とうとう弾頭・装薬・雷管が一体化された完結型実包（カートリッジ）が生まれる。わが国では幕末・維新の頃である。

村田経芳《むらたつねよし》（一八三八〜一九二一年）は、「同胞相撃つ戦争で、我々は学んだ」と、日本人の銃への知識、用兵術の進歩の速さに驚いた欧州人にそう答えた。村田は旧薩摩藩士、自ら西洋式小銃の開発を行なった造兵将校である。日清戦争を戦いぬいた村田銃の設計者だった。明治の初めには欧州各国を歴訪し、その優秀な射撃技術で有名になった。

欧州では二五〇年かけて発達した技術をわが先人たちはわずか二〇年で駆け抜けた。さらに二〇年、世界的水準に追いついた三十年式歩兵銃、騎銃で大敵ロシア帝国を打ち負かし、機関銃の採用にも熱心に取り組んだ。村田の後継者の有坂成章《ありさかなりあきら》（一八五二〜一九一五年）、南部麒次郎《なんぶきじろう》（一八六九〜一九四九年）も忘れてはならない。彼らの名前は多くの日本人に忘れられたが、欧米の識者や造兵専門家の間では、いまも評価は高い。

日本人は戦国時代からずっと銃が大好きだった。江戸時代の日本には火縄銃がどこにでもあった。進歩がなかったのは戦場で使われることがなかったからである。幕末になって海防の重要性が認識され始めると、とたんに熱心に洋式銃を輸入し、すぐに模造品をつくり始めた。戊辰戦争、西南戦争では、敵味方ともに銃撃戦、砲撃戦をもっぱらにした。

日清・日露の両戦役も火力重視で戦った。辛くも勝てた日露戦後、白兵戦闘に弱かった兵士の士気を高めるために白兵戦闘を重視すると宣言した。（『歩兵操典』一九〇八年）

しかし、実際のところは決して小銃火力を軽視していたわけではない。歩兵は射撃、銃剣術、行軍力を鍛えることとされていた。

第一次世界大戦の戦場から遠く離れ、その実態を体験することは少なかったが、その情報収集への熱意は高かった。多くの前途有為な将校たちが派遣され、貴重な考察が蓄積された。将来の戦争は「国家総力戦」であること、戦場の主役は「機関銃」だということをしっかり理解した。それは世界水準をねらった軽機関銃の採用を始め、重機関銃、平射砲（機関銃陣地狙撃砲）、曲射砲（迫撃砲）、擲弾筒など歩兵用装備の開発に熱心だったことに現われている。

いっとき第一次世界大戦による好況に沸いた国内経済は、またまた停滞する。ロシア革命へのシベリア出兵（一九一八〜二二年）も貴重な予算を浪費したといっていい。三回にわたる軍備縮小（二二年、二三年、二五年）も行なった。国家の財政窮乏には関東大震災（二三年）がさらに追い打ちをかけた。そのうえ、海軍はアメリカを仮想敵にし、巨大艦隊を建設しようとしていた。世論の多くは海軍に味方し、陸軍は装備改善もままならなかった。航空や機甲、火砲といった近代装備に向けられる予算もひどく少なかったのである。

事態を大きく変えたのは満洲事変（一九三一年）だった。満洲帝国は成立したものの、軍備増強を着実に実行してきたソビエト連邦軍への備えを重視しなくてはならなくなった。一九三六（昭和一一）年には『帝国国防方針』の第三次改訂が勅裁《ちょくさい》された。想定敵国は米・ソ・中国、それに加えて英国も挙げられた。陸軍はソ連を、海軍はアメリカを主目標として軍備を整えようというものだった。

翌一九三七（昭和一二）年から始まった中国との戦いは、ますます陸軍を疲弊させた。拡大する一方の戦火、陸軍の動員につぐ動員、部隊増設、大陸での戦いは、ますます装備改善に注ぐ予算を減らした。そうして、満洲でソ連軍を相手に戦うはずの陸軍は、大東亜戦争に突き進んでいくことになった。

用兵思想と装備、訓練、教育は密接に結びついている。そして装備は、その国の資源、技術、教育と深く関わる。歴史、とりわけ近・現代史を学ぶには軍事史、技術史を知ることが重要である。どうか読者には先人の努力と、報われなかった勇戦敢闘を知ってもらいたい。

全国の陸上自衛隊駐屯地、海空自衛隊基地には資料館、広報館がある。そこには多くの貴重な産業遺物としての帝国陸海軍の兵器・武器が保管されている。今回、統合幕僚長山崎幸二陸将、陸上幕僚監部監理部長柿野正和陸将補、同広報室長牧野雄三1佐、室員橋本政和3佐には企画段階からたいへんお世話になった。

陸上自衛隊武器学校長眞弓康次陸将補、同広報班の皆さん、同富士学校長高田祐一陸将、同広報班の皆さん、前第一師団長柴田昭市陸将、第一師団長竹本竜司陸将、練馬駐屯地広報班の皆さんには実物調査や写真撮影を快く受け入れていただき、ご協力もいただいた。改めてお礼を申し上げる。（補職名は令和元年6月現在）

最後に、銃器研究家の杉浦久也氏からは懇切丁寧なご指導を多くいただいた。心から感謝したい。

主な参考・引用文献

『旧帝国陸軍部隊一覧表』(大内那翁逸、陸軍史実研究会、一九九七年)
『旅順攻防戦ニ対スル独逸将校ノ観察研究報告』(「偕行社記事」第三五八号附録、一九〇七年)
『歩兵操典改正ノ為採用シタル根本主義－歩兵旅団長、同聯隊長、同附中佐等に対する講演記録』(大島久直・陸軍教育総監、一九一一年)
『日露戦役間ニ於ケル彼我傷病者ノ比較的統計』(「偕行社記事」八木澤正雄、第四六三号附録、一九一三年)
『三十七・八年戦役・戦死傷の統計』(陸軍文書・防衛研究所、(アジア歴史史料センター検索C13110451400、一九一九年)
『各兵操典改正要項ニ關スル意見』(臨時軍事調査委員、陸軍文書、一九一九年)
『明治工業史　火兵・鉄鋼篇』(工学会編、工学会明治工業史発行所、一九二七年)
『参戦二十将星・日露大戦を語る』(東京日日新聞社、一九三五年)
『帝國及列國の陸軍』(陸軍省、一九三二年)
『兵器保存要領第一篇～十六篇』(陸軍省、一九三七年)
『支那事變ノ主要ナル教訓及之カ対策』(歩兵第三十五聯隊補充隊、歩兵学校、一九三八年)
(アジア歴史史料センター検索C11110694900)
『支那事變ニ基ク歩兵對支戦闘戦闘ノ参考對支戦闘部隊訓練ノ参考』(歩兵学校、一九三八年)(前同検索　C111106950000)
『九六式輕機關銃取扱上ノ參考』(陸軍歩兵学校将校集会所、一九三八年版)
『十一年式輕機關銃取扱上ノ參考』(陸軍歩兵学校将校集会所、一九三八年版)
『八九式重擲弾筒取扱上ノ參考』(陸軍歩兵学校将校集会所、一九三八年)
『九九式輕機關銃取扱上ノ參考』(陸軍歩兵学校将校集会所、一九四二年)
『戦略譜征露ノ凱歌―余ガ参加シタル日露戦役』(多門二郎、文渕閣、一九四三年)
『新編西南戦争史』(第八混成団本部、白石出版、一九六二年)
『日清戦争　日本の戦史9』(徳間書店、一九六六年)
『兵器技術教育百年史』(工華会編、工華会、一九七二年)
『帝国陸軍機甲部隊』(加登川幸太郎、白金書房、一九七四年)
『三八式歩兵銃』(加登川幸太郎、白金書房、一九七五年)
『機関銃・機関砲』(岩堂憲人、サンケイ出版、一九八二年)

『世界銃砲史』（岩堂憲人、国書刊行会、一九九五年）
『兵器沿革圖説』（有坂鉊蔵、原書房、一九八三年）
『日露戦争と日本軍隊』（大江志乃夫、立風書房、一九八七年
『図解古銃事典』（所荘吉、雄山閣、一九八七年）
『国力なき戦争指導』（中原茂敏、原書房、一九八九年）
『図説陸軍史』（森松俊夫、建帛社、一九九一年）
『鉄砲―伝来とその影響』（洞富雄、思文閣出版、一九九一年）
『大阪砲兵工廠の研究』（三宅宏司、思文閣出版、一九九三年）
『近代日本軍隊教育史研究』（遠藤芳信、青木書店、一九九四年）
『日本の軍用銃』（須川薫雄、国書刊行会、一九九五年）
『陸軍の反省（上下）』（加登川幸太郎、文京出版、一九九六年）
『日本陸軍兵器沿革史』（吉永義尊、私家版、一九九六年）
『図解・日本陸軍［歩兵篇］』（田中正人、並木書房、一九九六年）
『鉄砲と日本人―「鉄砲神話」が隠してきたこと』（鈴木眞哉、洋泉社、一九九七年）
『謎とき日本合戦史―日本人はどう戦ってきたか』（鈴木眞哉、講談社、二〇〇一年）
『たんたんたた―機関銃と近代日本』（兵頭二十八、四谷ラウンド、一九九八年）
『イッテイ』（兵頭二十八、四谷ラウンド、一九九八年）
『日本陸軍兵器資料集―泰平組合カタログ』（宗像和弘・兵頭二十八、並木書房、一九九九年）
『帝国陸海軍の銃器』（杉浦久也ほか、株式会社ホビージャパン、二〇一二年）
『三八式歩兵銃と日本陸軍』（杉浦久也ほか、株式会社ホビージャパン、二〇一五年）
『日本軍の拳銃』（杉浦久也ほか、株式会社ホビージャパン、二〇一八年）
『幕府歩兵隊―幕末を駆けぬけた兵士集団』（野口武彦、中央公論新社、二〇〇二年）
『長州戦争―幕府瓦解への岐路』（野口武彦、中央公論新社、二〇〇六年）
『富国強馬―ウマからみた近代日本』（武市銀治郎、講談社、一九九九年）
『帝国陸軍の第一次大戦史研究（戦史研究の用兵思想への反映について）』（葛原和三、防衛研究所、二〇〇〇年）
『機甲戦の理論と歴史』（葛原和三、芙蓉書房出版、二〇〇九年）
『第２次大戦歩兵小火器』（ジョン・ウィークス、床井雅美訳、並木書房、二〇〇一年）
『日本経済史３　両大戦間期』（石井寛治他、東京大学出版会、二〇〇二年）
『彰古館―知られざる軍陣医学の軌跡』（防衛ホーム新聞社編、二〇〇三年）

『日本の機関銃』（須川薫雄、SUGAWAWEAPONS社、二〇〇三年）
『日本陸軍用兵思想史―その「典令」「戦略戦術」「統帥指揮の考え方」』（前原透、防衛研究所一般課程・講義録、二〇〇四年）
『日露戦争の兵器―付兵器廠保管参考兵器沿革書』（佐山二郎、光人社MF文庫、二〇〇五年）
『有坂銃「日露戦争の本当の勝因」』（兵頭二十八、光人社MF文庫、二〇〇九年）
『銃』（小林宏明、学研パブリッシング、二〇一〇年）
『武器の歴史大図鑑』（リチャード・ホームズ、創元社、二〇一二年）
『銃の科学』（かのよしのり、SBクリエイティブ株式会社、二〇一二年）
『狙撃の科学』（かのよしのり、SBクリエイティブ株式会社、二〇一三年）
『拳銃の科学』（かのよしのり、SBクリエイティブ株式会社、二〇一五年）
『ものづくりの科学史―世界を変えた標準革命』（橋本毅彦、講談社学術文庫　二〇一三年）
『日本銃砲の歴史と技術』（宇田川武久編、雄山閣、二〇一三年）
『日本軍と日本兵』（一ノ瀬俊也、講談社、二〇一四年）
『米軍が恐れた「卑怯な日本軍」』（一ノ瀬俊也、文藝春秋、二〇一五年）
『日本軍兵士―アジア・太平洋戦争の現実』（吉田裕、中央公論新社、二〇一七年）
『輸送戦史―帝国陸軍を中心とした軍事輸送の歴史』（陸上自衛隊輸送学校編、二〇一五年）
『帝国陸軍師団変遷史』（藤井非三四、国書刊行会、二〇一八年）
『帝国陸軍と列強の陸軍』（陸軍省、一九三三年）
『日露戦史』（防衛庁防衛研究所戦史室編、朝雲新聞社、一九八〇年）
『昭和史の天皇（一五）』（読売新聞社、一九七一年）
『日本の陸軍歩兵兵器』（兵頭二十八、銀河出版、一九九五年）
『ペリリュー島戦記』（ジェームス・H・ハラス、光人社NF文庫、二〇一〇年）
『陸軍省大日記』（防衛省防衛研究所）

資料 陸上自衛隊駐屯地資料館

各駐屯地には史料館、防衛館、資料館などの名称で、自衛隊への理解を深めるため、旧軍の顕彰のために貴重な所蔵品が保管されている。ここにあげるものは、歴史的建築物としての価値も高い施設を紹介している。

白壁兵舎広報史料館（陸上自衛隊 新発田駐屯地）

白壁兵舎外観

新発田城模型

所在地　新潟県新発田市大手町6-4-16

見学の可否　可能

窓　口　新発田駐屯地広報室 0254（22）3151

展示品（小火器類）

三八式歩兵銃／三八式騎銃／四四式騎銃／九九式短小銃／九二式重機関銃／38口径コルト ディクティブ拳銃／32口径コルト ポケット拳銃／32口径スミス＆ウエッソン拳銃／32口径アイバージョンソン拳銃 ／32口径リチャードソン拳銃／32口径ズルードブル拳銃／22口径スタームルガー拳銃／38口径ガビロンド リャーマ拳銃／ブローニング拳銃／22口径ベロスチイ拳銃／22口径モーゼルM1910/34拳銃／22口径ルガー拳銃／22口径シャスール拳銃／クロスマン空気銃／モシン・ナガン小銃／9㎜拳銃／89式5.56㎜小銃／62式7.62㎜機関銃／74式車載7.62㎜機関銃／12.7㎜重機関銃M2／6.5㎜競技用フリーライフル

特　徴

- 新発田城関連資料（新発田城模型・溝口藩主資料）
- 白壁兵舎関連資料
- 歩兵第16・116聯隊関連資料
- 自衛隊活動資料（駐屯地紹介、災害派遣、自衛隊装備品、映画協力）

防衛館（陸上自衛隊 青森駐屯地）

防衛館外観

防衛館内観

所在地　　青森県青森市浪館近野45

見学の可否　　可能

窓　口　　青森駐屯地司令職務室 017（781）0161

展示品（小火器類）

—

特　徴

歩兵５聯隊八甲田遭難資料

鎮西精武館（陸上自衛隊 大村駐屯地）

鎮西精武館外観

鎮西精武館内観

所在地　　長崎県大村市西乾馬場町416

見学の可否　　可能

窓　口　　大村駐屯地広報室 0957（52）2131

展示品（小火器類）

三八式騎銃／四四式騎銃／九九式小銃／64式7.62㎜小銃／62式7.62㎜機関銃／M1ガーランド／M1カービン／14.5㎜対戦車ライフル／PPSh41短機関銃／M1919A4 30口径機関銃／M1919A6 30口径機関銃／競技用スモールボアライフル／6.5㎜競技用フリーライフル

尚古館（陸上自衛隊 金沢駐屯地）

尚古館外観

尚古館内観

所在地　石川県金沢市野田町1－8

見学の可否　可能

窓　口　金沢駐屯地広報官 076（241）2171

展示品（小火器類）

スプリングフィールド銃／エンフィールド銃／十四年式拳銃／三十年式歩兵銃／三八式騎銃／四四式騎銃／九九式小銃／M1918A2自動小銃

特　徴

- 駐屯地資料館は、明治31年に建設された旧陸軍野戦砲兵第9聯隊の将校集会場跡であり、約120年の歴史を有する。
- 館内に日露戦争～大東亜戦争までの旧日本軍に関する資料約900点および自衛隊に関する約400点を展示している。
- 屋外に旧軍および自衛隊に関する記念碑など28点を展示している。

広報史料館（陸上自衛隊 久留米駐屯地）

広報史料外観

久留米駐屯地模型（明治・昭和・平成）

所在地　福岡県久留米市国分町100

見学の可否　可能

窓　口　久留米駐屯地広報班 0942（43）5391

展示品（小火器類）

三八式歩兵銃／三八式騎銃／四四式騎銃／九九式小銃／M1919A4 30口径機関銃／M1919A6 30口径機関銃／89式5.56㎜小銃／62式7.62㎜機関銃

乃木館（陸上自衛隊 善通寺駐屯地）

乃木館外観

乃木館内観

所在地　　香川県善通寺市南町2‐1‐1

見学の可否　　可能

窓　口　　善通寺駐屯地司令職務室 0877（62）2311

展示品（小火器類）

スペンサーカービン銃／一番形拳銃／十四年式拳銃／九四式拳銃／モーゼル拳銃／ブローニングM1900拳銃／三八式歩兵銃／三八式騎銃／四四式騎銃／九九式小銃／9㎜拳銃／62式7.62㎜機関銃／米軍軍用銃

特　徴

乃木将軍および旧陸軍第11師団関連

資料館（陸上自衛隊 久居駐屯地）

資料館外観

資料館内観

所在地　　三重県津市久居新町975

見学の可否　　可能（ただし駐屯地記念時に限定公開）

窓　口　　久居駐屯地広報班 059（255）3133

展示品（小火器類）

火縄銃／村田銃／三十年式歩兵銃／三八式歩兵銃／四四式騎銃／九九式小銃／二式小銃／62式7.62㎜機関銃／5.56㎜機関銃MINIMI／M1カービン／89㎜ロケット・ランチャー

特　徴

明治時代からの軍服など

荒木　肇（あらき・はじめ）
1951年東京生まれ。横浜国立大学教育学部卒業、同大学院修士課程修了。専攻は日本近代教育史。日露戦後の社会と教育改革、大正期の学校教育と陸海軍教育、主に陸軍と学校、社会との関係の研究を行なう。2001年には陸上幕僚長感謝状を受ける。年間を通して、自衛隊部隊、機関、学校などで講演、講話を行なっている。著書に『教育改革Q＆A（共著）』（パテント社）、『静かに語れ歴史教育』『日本人はどのようにして軍隊をつくったのか－安全保障と技術の近代史』（出窓社）、『現代（いま）がわかる－学習版現代用語の基礎知識（共著）』（自由国民社）、『自衛隊という学校』『続自衛隊という学校』『子どもに嫌われる先生』『指揮官は語る』『自衛隊就職ガイド』『学校で教えない自衛隊』『学校で教えない日本陸軍と自衛隊』『東日本大震災と自衛隊―自衛隊は、なぜ頑張れたか？』『あなたの習った日本史はもう古い！』『脚気と軍隊―陸海軍医団の対立』（並木書房）がある。

日本軍はこんな兵器で戦った
―国産小火器の開発と用兵思想―

2019年（令和元年）10月30日　印刷
2019年（令和元年）11月15日　発行

著　者　荒木　肇
発行者　奈須田若仁
発行所　並木書房
〒170-0002 東京都豊島区巣鴨2-4-2-501
電話(03)6903-4366　fax(03)6903-4368
http://www.namiki-shobo.co.jp
印刷製本　モリモト印刷

ISBN978-4-89063-392-0

―荒木肇の本―

脚気と軍隊

陸海軍医団の対立

国民病といわれた脚気に挑んだ二人の軍医―高木兼寛と森林太郎（鴎外）。麦食を認めなかった鴎外は多くの将兵を殺したと批判されるが事実か？　医学史から見た二人の実像に迫る！　２０００円＋税

あなたの習った

日本史はもう古い！

学校で習った日本史がこの30年で大きく変わっている。「大和朝廷」という言葉は使われなくなり、江戸時代の「士農工商」「鎖国」はもはや死語。大人だけが知らない日本史の新常識32！　１５００円＋税

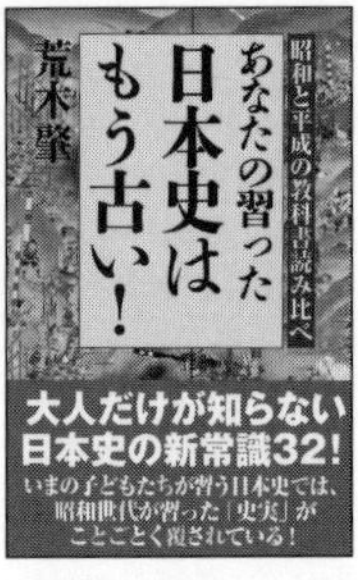

東日本大震災と自衛隊

一〇万人態勢で災害派遣出動した自衛隊は多くの人命を救い、インフラの復旧に力を発揮した。自衛隊はなぜこれほどまでに頑張れたのか？　その活動を支えたもの、思いの強さに迫る！１７００円＋税

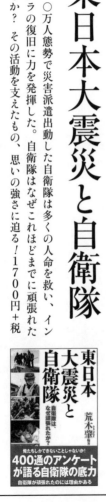